国産トラックの20世紀

中沖 満＋GP企画センター

グランプリ出版

本書刊行の経緯

　本書は、国産トラック誕生の背景から始まります。20世紀初頭に自動車製造に乗り出そうとするメーカーの一部は、軍の希望に合ったトラックをつくります。それらが「軍用保護自動車」として認定され、優遇措置を受けることで自動車メーカーとしての地歩を固めてきました。第二次大戦後には民需転換を果たし、やがて4つの大型車製造メーカーに収斂され、今日に至ります。

　20世紀の後半に日本は高度成長期をむかえ、輸送力増強という時代の要請に応えるべく進化を遂げるとともに、多種少量生産の体制を整えていくことになります。その後、高度成長期を脱するととともに顕在化する公害への対応、安全技術、キャビンの快適化による運転環境の改善など、乗用車とは違った進化を遂げます。本書ではこの過程について述べています。

　弊社ではこれまで『小型・軽トラック年代記』『日本のオート三輪車史』を刊行しています。これらと本書を合わせてご覧いただけば、大小の日本の物流を支えた自動車の足跡を、網羅的に知ることができると考え、品切れていた本書の改訂版の刊行を決定いたしました。刊行にあたっては、内容の再確認を実施するとともに、2000年代初頭までの内容を抜粋、改題しています。

　大量生産を前提として成長を遂げた乗用車と対をなす、もうひとつの日本の自動車史といえる大型トラックの歴史への理解を、より深めていただければ幸いです。

グランプリ出版　編集部

はじめに

　国産自動車の歴史は、トラックから始まったといえる。それも、軍用が中心だった。陸軍が人員や兵器などの輸送のために、自動車を活用しようとして、国産自動車を量産する道が開かれた。欧米のように乗用車が主役になるのは、日本では1960年代になってからのことで、それまではどのメーカーもトラックが生産の大多数を占めていた。トヨタや日産も例外ではない。

　しかし、自動車全体の生産台数が伸びていく過程で、量産効果をあげて生産コストを下げながら性能向上を図っていった乗用車と、多様なニーズに応えるために多種少量生産する中・大型トラックとでは、設計から生産、販売まで別の製品としての歩みをするようになった。したがって、そうした分離が進行しなかった1950年頃までは、乗用車も少量生産していたから、国産の乗用車は欧米のそれとは価格的にも性能的にもかなり見劣りのするものだった。それでもつくり続けることができたのは、トラックもつくっていたことと、通産省などが外国の乗用車の輸入を制限していたからである。

　本書では、戦前から戦中までの第1章、1950年代後半までの第2章までは、トヨタや日産のトラックについても記述しているが、第3章以降では日野、いすゞ、三菱ふそう、日産ディーゼルというトラックメーカーのものに限って記述している。トヨタやマツダなどの普通トラックや物流という面では無視できない小型トラックについては割愛している。多種少量生産のトラックが、どのような経過をたどってつくられたのか、ハイブリッドシステムなどの新たな動力源を本格的に模索しなければならなくなる、2000年代初頭までについてを中心に記述している。いわば、乗用車とは異なる側面を持つ、自動車技術発展の歴史である。

　多種少量生産されるものを対象にしているだけに、どれをどこまで掘り下げるか、またどこまで取り上げるかなどで迷うところが多かった。限られたスペースのなかで記述するのは、取捨選択していかなくてはならないので、その判断もむずかしかった。また、技術的な内容について、どこまで説明すべきか判断に苦しんだ。しかし、全体的な流れとして、国産トラックがどのように進化していったかを具体的な記述のなかで捉えていただけるように配慮したつもりである。本書は1997年に『トラック・その魅力と構造』をつくり、2000年に『トラクター＆トレーラーの構造』『特装車とトラック架装』を発行したころから準備を始め、ここにようやく完成することができた。

　なお、内容に関しては、第1章の大部分、第2章のトヨタと日産の部分については、中沖満氏が執筆し、そのほかの部分をGP企画センターのスタッフが分担して担当した。大まかに言えば、ガソリンエンジン搭載トラックは中沖氏、ディーゼルエンジン搭載トラックがGP企画センターということになる。

　本書を完成させるに当たっては、各メーカーの広報担当の方々に資料や写真の提供などで大変お世話になった。また、一部、三栄書房の『モーターファン』と九段書房の『モータービークル』からも写真などを拝借して掲載した。また、クリエイトセンターの岩崎民雄氏にはいろいろとご指導いただいた。改めてお礼を申し上げる次第です。

　　　　　　　　　　　　　　　　　　　　　　　GP企画センター　桂木　洋二

国産トラックの20世紀

目 次

第1章 量産自動車メーカーの誕生と戦前のトラック…9

1-1. 軍用保護自動車メーカーの誕生……………………10

【東京瓦斯電気工業自動車部】
最初の軍用トラックメーカーとして活動……………………17

【石川島自動車製作所】
イギリスのメーカーとの提携で出発……………………22

【快進社及びダット自動車製造】
経営刷新のために軍用トラックを開発……………………26

【東京自動車工業（いすゞの前身）】
標準形式トラックの製造と保護自動車メーカーの合併……………………28

1-2. 自動車製造事業法によるトラックの製造……………………32

【日産自動車】
海外メーカーとの提携の挫折とトラック製造……………………34

【トヨタ自動車工業】
その創立とトラックの大量生産……………………39

1-3. ディーゼルエンジン開発と第3の許可会社の誕生…………44

【東京自動車工業、ヂーゼル自動車工業】
独占的にディーゼルトラックを生産……………………46

【日本ディゼル工業】
1935年に誕生した日産ディーゼルの前身……………………49

【三菱の自動車開発活動】
ディーゼル車の開発に意欲を示す……………………52

【池貝自動車製造その他】
自動車メーカーとしての活動とその挫折……………………54

第2章 戦後の混乱からの脱出（1945〜59年）………57

民需用としてのトラックの生産…………………………………58

【日産自動車】
当面の稼ぎ頭はトラックだった……………………………………62

【トヨタ自動車工業】
戦後の主力となった普通トラック…………………………………66

【ヂーゼル自動車工業、いすゞ自動車】
ディーゼルトラック先行で業界をリードする……………………70

【三菱ふそう】
技術を駆使して自動車部門の充実を図る…………………………77

【日野重工業、日野産業、日野ヂーゼル工業、日野自動車工業】
300人での苦しいスタートによる成功……………………………82

【民生産業、民生デイゼル工業】
日産の傘下で本格的メーカーとして活動開始……………………89

第3章 4大メーカーによる多様化の時代へ（1960年代）…95

輸送の増大による多様化の進展………………………………96

【日野自動車工業】
先進的なトラックの登場……………………………………………101

【三菱ふそう】
大型トラックの拡充と中型のヒット………………………………110

【いすゞ自動車】
新しい需要の対応に追われる開発…………………………………116

【日産ディーゼル工業】
大型車を中心にしたラインアップ…………………………………122

第4章 排気・騒音規制のなかの高性能追求（1970年代）…129

進む2極化と豊富なバリエーション展開……………………130

【日野自動車工業】
中型と大型部門でシェア・トップに………………………………134

【三菱ふそう】
時代の要求に応えた新型車体も専用投入 ……………………………………… 141

【いすゞ自動車】
新エンジン・モデルで巻き返しを図る ……………………………………… 149

【日産ディーゼル工業】
総合トラックメーカーとしての地歩を固める ……………………………… 156

第5章 空力・電子制御・経済性の追求（1980〜90年代初頭）… 163

エレクトロニクス技術の導入と成熟期 ……………………………………… 164

【日野自動車工業】
早めのモデルチェンジで存在感を示す ……………………………………… 168

【三菱ふそう】
ザ・グレートの登場とターボエンジン攻勢 ………………………………… 176

【いすゞ自動車】
大型トラック810シリーズの登場 …………………………………………… 184

【日産ディーゼル工業】
車種の充実とビッグサムの登場 ……………………………………………… 191

第6章 構造不況といわれるなかでの技術革新
（1990年代〜2000年代初頭）……………………………… 199

21世紀をはさむ逆境のなかの新しい展開 ……………………………………… 200

【日野自動車工業、日野自動車】
トヨタとの連携を強め活路を求めての活動 ………………………………… 204

【いすゞ自動車】
ギガシリーズの充実とパワーアップ ………………………………………… 211

【三菱ふそう、三菱ふそうトラック・バス】
スーパーグレートの登場と技術革新 ………………………………………… 218

【日産ディーゼル】
ビッグサムの充実と意欲的な技術開発 ……………………………………… 224

第1章
量産自動車メーカーの誕生と戦前のトラック

日本の自動車産業は陸軍の指導によってつくられたトラックがもとになっている。欧米のように、民間の企業や技術者が新しい事業として乗用車をつくったのとは大きな違いがある。あちらでは自動車が馬車に代わる乗りものとしてつくられたのであるが、日本では馬車が普及しなかったし、戦前は自動車に乗って楽しむ人たちの数が少なかった。そうした人たちが増える前に、軍用トラックを必要としたのであり、燃料が確保できなかったために民間での使用も戦争のために制限された。

ここでは、最初に軍用トラックとしてつくられた保護自動車とそのメーカーの動き、その後に中国や満州などで輸送に本格的に使用するために量産トラックが必要になって自動車製造事業法がつくられて、これに基づいてトヨタと日産がつくったトラック、さらにガソリンの供給に不安が生じて熱心に取り組まれたディーゼルエンジンのトラックについて、1945年の敗戦までの経過を見ていくことにする。

1-1. 軍用保護自動車メーカーの誕生

● 民間による新しい事業としての自動車への取り組み

　日本の重工業は、明治維新政府の掲げた富国強兵政策によって活気づけられていった。軍部の近代化が優先され、海外の技術を取り入れて軍艦や飛行機の国産化が図られたが、これらに比較すると自動車は、攻撃的な兵器でなかったからか、後まわしにされている。そのぶん、クルマ好きや新しもの好きな人たちによって欧米の自動車を輸入するなど、まずは民間で扱われていた。

　日本での自動車は、19世紀が終わり、20世紀になってから新しい事業として、輸入される台数が少しずつ増えていった。三井呉服店が購入したトラックが日本の最初に使用されたトラックといわれており、デパートの配送用であったが、店の宣伝を兼ねたものであった。輸入されたエンジン付きシャシーをもとに、さまざまなボディを架装するようになり、貸自動車や修理をする事業が営まれるようになった。

　やがて自動車のことを知る技術者が、見よう見まねで国産自動車をつくるようになったが、輸入される自動車には性能的に太刀打ちできず、国産であることで話題になる程度であった。もちろん、それでもトラブルなく走る自動車をつくり上げることは大変なことであった。こうした先人たちの苦闘が、その後の自動車の発展の礎になっていくが、国産自動車が経営的に成り立つようにはならなかった。

　そうしたなかで、1911年(明治44年)にケンブリッジ大学留学から帰国した際に3台の自動車を持ち帰った大倉財閥の大倉喜八郎の長男・大倉喜七郎が、東京・赤坂の葵町の広大な屋敷に大きな車庫をつくった。喜七郎は、外国から持ち帰ったクルマを、ここで分解したりして楽しんでいた。このころ熊本高等工業学校・機械科を卒業して自動車に強い関心を持っていた星子勇は大倉組に勤めている先輩を頼って上京、星子の自動車好きを知っている先輩が大倉喜七郎に引き合わせ、大倉邸を訪れた星子と喜七郎は意気投合して、星子はそのまま、喜七郎の私的雇用人として赤坂に住みつくことになった。

　1907年(明治40年)に吉田真太郎の「東京自動車製作所」の人たちが完成させた国産ガソリン自動車(タクリー号とも呼

三井呉服店で宅配用に利用されたクレメント号トラック。

ばれる)にも大倉喜七郎が資金を出していた。1年間で10台を製作したのは、当時としては画期的なことだったが、事業として見れば苦しい経営が続いた。

こうした民間の動向とは別に、軍部がトラックを国産化することに決め、それをつくるメーカーを育成する方針を打ち出し、大手資本の工業部門が自動車に関心を持つようになった。欧米では、民間による乗用車づくりからスタートしたのに対して、日本で量産されるようになったのはトラックのほうが先であり、陸軍との関係を深めることで、国産車をつくることが事業として成立するものになったのである。

東京自動車製作所でつくられたトラック。シャシーは乗用車と共通でトラック用のボディが架装された。

戦前における国産トラックは、軍用トラックが中心であった。まずは、どのようにして自動車メーカーが誕生したかを軍部の自動車に対する方針との関わりで見ていくことにしよう。

●陸軍砲兵工廠による軍用トラックの試作

好事家を中心とした、輸入車の販売やその修理など民間の自動車関連の企業とは別に、日本で大資本による自動車メーカーがつくられるきっかけとなったのは、国力のすべてを注ぎ込んで辛うじて勝った日露戦争後に、陸軍が軍の近代化を急ぐことにしたからである。シベリアから満州、さらに朝鮮半島を南下して日本海を窺おうとするロシア軍との戦いは、輸送力の戦いでもあった。日露戦争では、兵站輸送は主に馬匹で行われたが、輸送路が長くなればなるほど補給は困難を極めた。荒野を行く補給ルートは、まさに道なき道の泥濘悪路で人馬ともに疲労の極に達し、敵の襲撃による被害も大きく、それが戦局に影響して重大な局面を迎えることさえあった。そういった苦い経験から自動車に対する関心が高まったのである。

1907年(明治40年)になると、陸軍は自動車研究開発機関を設置、フランスからノーム社製のトラックを輸入して大阪砲兵工廠に研究させた。8月にはこの輸入車による東京〜青森間の実地運行試験を強行した。もちろん、自動車が通ることを考えてつ

蒸気エンジン搭載の輸入シャシーに架装された5トン積みトラック。

1910年に陸軍が輸入したシュナイダー、ガッゲナウなどのトラック。これらを元に軍用トラックが設計・製作された。

くった道路はなかったから工兵隊が随伴して、通れないところは道を拡げ、橋を架けるなど地元の人たちの協力を得ながら、なんとか走破に成功した。

これに気を良くした陸軍は、翌年にもフランスのシュナイダー社からトラックを購入し、再び大阪砲兵工廠に命じて、分解と組み立ての反復で各部分の構造などを覚えさせた。そののち、今度は東京〜盛岡間の運行試験を行った。このときの試験には途中で発生するトラブルへの対応をテストするという目的が加えられた。

トラックが輸送に使用できると見極めた陸軍は、すでに詳細なスケッチからおこしたシュナイダーの図面を大阪と東京の砲兵工廠に渡して、それぞれに試作を命じた。そのうえでフランスのルノー、イギリスのソニークラフト、ドイツのガッゲナウなど、当時のヨーロッパからトラックを輸入し、研究と設計上の参考に砲兵工廠に渡した。

飛行機の場合と同じように、まずは実績のあるヨーロッパのものを購入してテストし、その詳細を調査して、同じものをつくるという道筋をたどった。

砲兵工廠とは、文字どおりに軍が使用する火器の製造を行う工場で、工場の設備はもちろんのこと、技術者も工員も選りすぐりの優秀な人材が集められていた。

日露戦争の、特に旅順攻略戦で正面から強襲を繰り返す日本軍に甚大な人的被害を与えて恐れられた機関銃を鹵獲して持ち帰って試作から開発、製造を手がけたのも砲兵工廠で、のちに

砲兵工廠が見本として製作したトラック。制式自動貨車と称された。木製のホイールにゴムが巻かれたタイヤである。

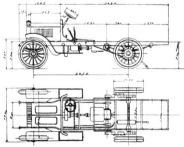

第1章 量産自動車メーカーの誕生と戦前のトラック

ダット号を製作した橋本増治郎も、ここでその開発に携わっていたことがある。

競作のかたちでつくられた試作車は1911年(明治44年)5月に、まず大阪砲兵工廠が先に完成させ、6月には東京砲兵工廠でも完成させた。この2台を東京・青山の練兵場で各種の性能試験をしたあと、7月には高崎・軽井沢経由で長野に至る運行試験をした。

このテストでは、予想していた以上の結果を示して担当将校たちを喜ばせたという。満足という判定は関係した当事者の一致した意見だったが、実際に有事の際に用兵と指揮を行う参謀本部の考えは、依然として馬匹による兵站輸送が主力で、自動車は馬匹による輸送を補えるかどうかといった程度の認識しかなかった。

そういった考えを刷新する意味も含めて、1912年(明治45年)6月に陸軍省の内部に「軍用自動車調査委員会」が設置されて、次のことが検討されることになった。

①戦時に軍用として自動車を使用する範囲
②戦時における自動車従列の組織
③軍用自動車の典範と令規の起草
④平時における自動車運転手の養成
⑤民間自動車の奨励
⑥民間自動車を軍用に利用する方法
⑦戦時に臨時調達するための自動車資源の調査と徴発の方法

用兵上、自動車の能力を評価する意見の人たちも多く、推進派は、まだ主流とはなっていなかったが、ともかくも自動車を兵力として使用する方向が打ち出されたのである。

陸軍は、東京と大阪の砲兵工廠に2台ずつ追加してつくることを命じた。今までの経験からの慣熟の度合いを確認するといった意味合いがあった。

1914年(大正3年)に勃発した第一次世界大戦は、ヨーロッパから遠く離れたアジアにもきな臭い影響を及ぼしてきた。イギリスをはじめとする列強諸国は、上海などの租借地を足掛かりにして築いてきた中国における権益を守ることに懸命だった。そういったときにイギリスから、東シナ海で活動しているドイツの武装商船を撃破するための参戦を要請されると、16日後にドイツに宣戦を布告して日本も連合国に加わった。

参戦した日本の役割は、武装商船の根拠地になっている南太平洋でドイツが租借している南洋諸島の制圧と、同じくドイツが租借している膠州湾の青島を攻撃することだった。青島は東南アジアで屈指の良港で、ドイツはここに物資を集積して本国に輸送するために設備を拡充、大戦が始まると武装商船の補給基地に活用、少数だが守備隊も配置していた。

日本は、砲兵工廠が製作したトラック3台(2台という説もある)を青島に派遣、輜重兵と歩兵の混成部隊を弾薬や補給物資の輸送などの後方支援にあたらせ、大戦が終結するとドイツが領有していた南洋諸島を日本の統治下におくことになった。

第一次世界大戦は日本に特需と新たな領有権をもたらしたが、陸軍は国産のトラックが輸送の任務を果たしたことに満足の意を表明、列強諸国に伍していくために軍用トラックが必要なことを強調し、民間にも国産トラックの製作を呼びかけた。しかし、民間の業者は資金面と技術面で、そう簡単には応じられなかった。そこで、陸軍が考えたのは

13

砲兵工廠が製作したトラックを民間にもつくらせようという案だった。

●民間企業によるトラックの試作

民間による自動車製造は、さまざまな困難の前で悪戦苦闘せざるを得なかった。陸軍は砲兵工廠が製造したトラックを制式自動貨車として採用するが、このトラックと同じ仕様のものを基準として、それを満たしたクルマを"準軍用トラック"とし、この基準を応用してつくられたクルマを"応用自動車"と分類して、両方を「軍用保護自動車」に認定することにした。

認定を受けた軍用保護自動車の製造者には一定の補助金を交付し、保護自動車を購入した者にも一定の購入補助金と維持費も交付するという法案が、翌1915年(大正4年)に「軍用自動車保護法」として公布された。

これに、有事の際には民間が所有している保護自動車を軍が一定の金額を支払って徴発して使用するという項目が加えられた。つまり、"買うときも補助金を出しているし、維持費の一部も負担してやっているのだから、お国の一大事のときは召し上げるぞ"というわけである。これはドイツをはじめとしてヨーロッパで実施された制度を日本でも採り入れたものだった。

軍は軍用保護自動車の試作を民間会社に依託することにして、大阪砲兵工廠は地元の「発動機製造」に白羽の矢を立てた。発動機製造は各種のエンジンの製造を目的として1907年(明治40年)に大阪財界によって設立され、製造するエンジンは「ダイハツ」の愛称で親しまれ、なかでも小型船用のエンジンは圧倒的な需要と人気を誇った。さらに、海軍用のエンジンも生産、巡洋艦などの大型艦に積む内火艇は特に有名だった。軍はそういった発動機製作の実績に着目して、1918年(大正7年)にまず民間自動車製造指導工場として、制式自動貨車2台を発注した。

設計図と材料は支給、エンジンなどの主要部品も最終的な仕上げだけ残した形で支給、経験を積んだ監督官のもとで図面どおりに組み立てることになり、受注してから9ヵ月後にほぼ完成した。

それから3ヵ月後の1919年(大正8年)9月に陸軍技術本部・大阪検査部の担当官が大阪発動機製造・大仁工場に赴いて完成した2台のトラックを検査した。そのあと城東練兵場で規定による検査を受けて、翌日は大阪を起点に1日50マイル(約80km)の運行試験を無事に終えた。30馬力のエンジンもとくに問題がなかったようだったが、試作が完了したあと、軍からの追加発注はなく、発動機製造のほうも積極的に動くことはなかったから、この話はここまでで終わった。

発動機製造が積極的にならなかったのは、軍用と民用の多種多様なエンジンの生産で手いっぱいだったからと思われるが、『ダイハツ50年史』に「この種の自動車の製作はその後、情勢が変化したために沙汰やみになった

当時の大阪にあった発動機製造の工場。

が、当社の技術はそれによって啓発され、貴重な経験となって、その後の三輪車製造技術に大いに役立った」と記されている。

同じころに、大阪砲兵工廠は神戸にある川崎造船所にも制式自動貨車の試作を要請していた。

川崎造船所は1878年(明治11年)に川崎正蔵が東京の築地に

発動機製造、及び川崎造船所で試作された制式自動貨車。

造船所をつくったことが始まりで、建造された船は日本近海や沖縄、台湾へ向けての海上輸送に使われて活躍。川崎兵庫造船所や兵庫工場が建設され、兵庫工場は1901年(明治34年)に国産初の蒸気機関車をはじめ、各種の鉄道車両や鉄橋の桁などを製造した。1911年(明治44年)になると、川崎汽船を設立して海上輸送にも進出するなど国策に沿って業績を伸ばした。

大阪砲兵工廠から要請を受けた川崎造船所は積極的に動いた。造船や鉄道車両、鉄橋などに使う鉄板をつくるために新設した神戸・葺合工場の一角に特機部を設置して約1年で試作を完了すると、特機部を自動車部に昇格させて、大阪砲兵工廠から支給された約5台分の資材をここに移管した。

このころ、川崎造船所はアメリカからパッカード製のトラックも輸入して分解、これをもとにして10台分の部品を製造、エンジンは1基が試運転をするところまで進んでいた。しかし、会社が航空機を最優先させる方針に変わったため、自動車部は1年もたたないうちに川崎造船・車両部に移され、この時点でパッカードをコピーした1トン積みトラックの生産計画は陽の目を見ることはなくなった。

●軍用自動車補助法の適用を受けたメーカー3社

軍用保護自動車としての主要な仕様は、全備重量4トン、積載量1.5トン以上、エンジン性能30馬力以上、最高速度16km/hなどであった。

欧米では、すでに自動車メーカーが存在してトラックをつくっていたから、特にメーカーを育成する必要がなかった。これにひきかえ、日本では軍部がトラックを必要としても国内でつくっているところがなかったから、自動車メーカーを育成するために、メーカーにも補助を出す必要があったのである。

補助金を受けられるメーカーとしての条件は、日本人により設立され、株の過半数を日本人が所有していることで、これは、国産化推進のためである。自動車をまとめてつくるには設備がなくてはならないが、1年に100台生産できる規模の設備を有していることも条件のひとつだった。

当時は日本の工業レベルが高くなかったから、国産部品だけでは自動車をつくること

ができなかった。だからといって、外国製部品を多用したのでは国産化の趣旨に反するので、外国部品は許可を受けたものだけに限られることも規定された。

この具体的な補助金の額は、1918年（大正7年）に決められ、物価スライドで何度か引き上げられている。メーカーは、トラックを販売しなくても、自分のところで使用する場合は増加補助金、また毎年使用する場合は5年に限り維持補助金が加算された。

保護自動車として認定されるには、軍部の検査に合格しなくてはならない。その検査は、製造中に部品の使用について検査され、完成してからは一定の走行距離を無事に走ること、毎年運行検査を受けることなどが決められていた。

自動車メーカーに補助が出ることで、名乗りを上げるところが出てきた。そのうちで、もっとも早く検定に合格したのが東京瓦斯電気工業自動車部で、1919年（大正8年）のことであった。次いで合格したのが、東京石川島造船所、そして快進社を前身とするダット自動車商会であった。

これらのメーカーは保護自動車3社と呼ばれたが、それぞれに異なる生い立ちであり、自動車部門への参入の仕方にも違いが見られた。東京瓦斯電気工業は陸軍からの要請に応えるかたちであり、石川島は新しい事業として自動車に注目し、ダットは橋本増治郎が日本に自動車工業を根づかせようとして自動車づくりを始めたが思うようにいかず、保護自動車をつくることにしたのだった。

日本におけるトラックの生産の始まりは、このように陸軍の主導によるものだった。そして、陸軍が理想とする自動車メーカーの育成は思うように運ばなかったことから、これら保護自動車メーカーの合併が進められることになるが、まずは保護自動車3社の活動について見ていくことにしよう。

TGE、スミダ、ダットという保護自動車3社の保護トラック。鉄道省も参加して走行テストが実施された。

東京瓦斯電気工業自動車部
最初の軍用トラックメーカーとして活動

　大阪砲兵工廠は発動機製造(ダイハツ)に軍用トラックの試作を勧奨したあとで東京砲兵工廠と連絡をとって、東京でも試作を勧奨するように要請した。このときに候補にあがったのが「東京瓦斯電気工業」だった。

　東京瓦斯電気工業は1910年(明治43年)にガス器具を製造する目的で資本金100万円で設立された東京瓦斯工業がその前身で、本所の業平町に約2,800m²の土地を購入して工場を建設、その完成を待って翌1911年(明治44年)2月から事業を開始した。

　社長は内務官僚出身の貴族院議員の徳久恒範だったが、就任して間もなく体調を崩して世を去ったため、松方五郎が社長に就任した。明治の元勲・松方正義の五男であり、兄弟は川崎重工業などの経営者として活躍しており、松方五郎は、この事業を任されたのだった。

　1913年(大正2年)には電気事業と、それに付帯する電気器具の製造を業務に加えることにして社名も「東京瓦斯電気工業」と改名した。

　電気事業といってもガスに代わるものだけに規模が大きく、その事業は多岐にわたるため、電気器具の製造を含めてその活動は広範囲に及んだ。

　その技術が認められて、第一次世界大戦が勃発したあとは、砲兵工廠の依頼で各種の信管を製作した。これは連合国から砲弾や爆弾の製造を受注した砲兵工廠が信管の製造まで手がまわらなくなったからだが、東京瓦斯電気製の電気式信管は精度が高く、大戦終結までに200万個が納入された。東京瓦斯電気は民間で兵器を生産した有力な企業として、その業績を大きく伸ばすことになった。

　大戦終結後、各種の計器や小型発動機の開発と生産のための工場を大森に建設中のときに大阪砲兵工廠から4トン積み自動貨車

大森工場から走行テストに出るTGE-G型。左に立っているのは松方社長をはじめとする首脳陣。

1.5トン積みTGE-A型トラック(左)。独自設計による最初のトラック。3年間で20台生産された。下も同型車。

17

の試作についての打診を受けたのであった。
　社長の松方五郎は、大戦終結後の事業の長期的展望のなかに自動車も入れていた。ヨーロッパからの輸入を少数ながら手がけるなどしており、高い関心を示していたのである。
　砲兵工廠が提示した条件は、詳細な図面と主要部品、その他を支給し、試作費用も支払うというもので、発動機製造と川崎造船所に提示したものと同じ内容だった。つまり、図面と指示書どおりにつくる請負仕事だったが、松方はこれを自動車製造に踏み出す千載一遇のチャンスと捉えたのである。
　試作にあたって自動車製造の経験のある人材が必要と考えて、当時、外国車輸入で最大の「日本自動車」に勤務、同社が輸入したクルマにボディを架装する部門を統轄していた星子勇を招くことにした。
　大倉喜七郎の道楽が高じてつくられた「日本自動車」に技師として働いていた星子勇は、技師長に昇格してボディの製造から架装までを統轄していたものの、大倉財閥のほうは自動車事業には消極的で、先行きに不安を感じていたところだった。自動車製造への夢を捨て切れないでいたところに東京瓦斯電気工業から誘いがあって、星子は、その誘いに応えることにした。
　星子は商工省の研修生としてイギリスとアメリカで自動車について3年ほど学んで帰国していた。喜七郎は将来必ず自動車をつくるから、と留まるように説得したが、1917年（大正6年）に、大森工場の完成を控えて新たに設けられた東京瓦斯電気工業の自動車部に迎えられた。松方は、新しく発動機部を設置して、星子をその責任者にして采配を振るうことのできる体制にした。
　自動車製造への進出は社運を左右するものと考えていた松方は、本業の瓦斯電気器具の拡大する需要に対応する目的で建設中

星マークが陸軍に採用されたものであることを示す。

TGE-A型用エンジン。直列4気筒4400cc、シリンダーは2気筒ずつの一体型、30馬力/1000回転。

1926年につくられたTGE-G1型トラック。G型は不具合が生じたために改良が加えられG1型となった。

の大森工場の設備を自動車製造用に転換して、1918年(大正7年)工場が完成すると直ちに砲兵工廠による4トン積み制式自動貨車の試作を開始した。制式自動貨車は1年後の1919年(大正8年)3月に試作を完了、直ちに軍の試験を受けて合格した。

●TGE型の誕生

これとは別に、独自設計によるトラックの製造を同時期に開始した。アメリカのリパブリック社製トラックを参考にしたものだが、これは当時東京瓦斯電気工業が手がけていた輸入車のひとつであった。

星子が中心となってつくった同社のトラックは、それまでのトラックがチェーンドライブだったのに対して、一歩進んだドライブシャフトになり、ソリッドタイヤを装着した1.5トン積みトラックである。この20台のトラックを1919年(大正8年)に完成して試験に合格、軍用自動車補助法による最初の軍用保護自動車の認定を与えられた。その後、2年足らずのうちに合計25台を完成させた。このことは、東京瓦斯電気工業の技術レベルが高いことを示しており、軍を喜ばせた。

この2機種の成功を機に東京瓦斯電気工業は自社の自動車部が製造するクルマの名前を「TGE」とすることを決定し、形式名は最初のクルマがA型とされた。「TGE」とはTokyo Gas Electric engineering Co.,Ltd.の頭文字をつなげたもので、国産車らしからぬ名前だった。

完成した25台は、すべて軍が買い上げて富士山麓に送られ、ここで全国の連隊から選ばれた将兵を集めて訓練が行われた。自動車の運転免許を持っていれば技術者と認められるほど免許証を持っている者が少なかった当時は、運転者を育てることも急務だった。

運転技術と運用テストの場として凍結した河口湖が使われたあと、150名が選抜されて駐屯地になる北海道にわたり、ここで日本で初めての自動車部隊が編成された。

発動機製造と川崎造船所が自動車をつくることに消極的だったために、制式自動貨車の発注は東京瓦斯電気工業に集中、つく

TGE-GP型工作車。エンジンは4気筒一体型となり、空気入りゴムタイヤとなっている。ホイールベースなどはG型と同じ。いろいろなタイプの特装車がつくられた。

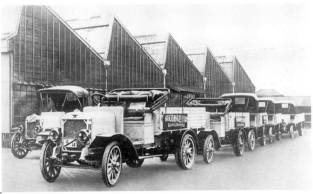

大森工場内にそろったTGE-G型1.5トン積み。エンジンはA型用に改良したものを搭載、前進4段ミッション、ホイールベース3500mm、トレッドは前1510mm、後1415mm。

ると軍に納入されるために世間では「瓦斯電の軍用自動車」と呼ばれるほどだった。

このあとの東京瓦斯電気工業自動車部が製造する軍用自動車は、自動車部隊に随伴する修理工作車、タンクローリー、鑿井作業車、照明車、広軌牽引車、撒水車などのほかに、不整地走行用の6輪車など多岐にわたった。

こういった特装車のサンプルとなる外国車の多くは、大倉喜七郎の「日本自動車」によって輸入された。

日本自動車は日本フォードが設立されると日本フォードの代理店として「中央自動車」を設立して分離、クライスラーの代理権をとるために「昭和自動車」を設立するなど大手輸入業者としての地位を固めつつあった。これらのサンプルから特装車をつくるにあたって、星子勇の経験と才腕が発揮されたことはもちろんだった。

●相次ぐ軍用トラックの生産

第一次世界大戦中にロシア革命が起きると、革命に反対するイギリスとフランスに

TGE-L型用4気筒ガソリンエンジン。3680cc、42馬力/1800回転。ボア・ストロークは95×130mm。

呼応して日本もシベリア出兵したが、このときにはじめて、TGEトラックが活躍した。日本軍は協定を無視して独断で多くの兵力をシベリアに送り込んで、2ヵ月でバイカル湖から東を制圧した。

他の連合軍はパルチザンの活動に悩まされ撤兵を開始したが、日本軍だけがこの後もシベリアに残った。この行為は国際的な非難を浴びて、1922年(大正11年)10月に北樺

TGE-N型のエンジン付きシャシー。

TGE-GP型の走行テスト。鋳物のスポークホイールとなり、電動式スターターも装備されていた。

TGE-L型。航空機用エンジンの始動車として使用されたもの。当時の所沢飛行場にて。

20

第1章 量産自動車メーカーの誕生と戦前のトラック

太を除いてシベリア各地から撤兵を開始、最後に北樺太からの撤兵を終了したのは1925年(大正14年)の5月だった。

シベリア出兵では、それまでの人馬による輜重輸送に代わる自動車の活躍が注目された。派遣されたTGEトラックが外国車に劣らない働きを示したことは、軍と東京瓦斯電気工業の自信を深めさせ、信頼関係を強固なものにすることになった。

東京瓦斯電気工業のアフターサービスも徹底したもので"TGEのあるところに技術者あり"と言われるほどで、それは満州でもシベリアでも変わることはなかった。

その後、新しく設計したトラックが投入されている。1930年(昭和5年)にL型が完成、それまでのトラックより技術的に進んだものになり、信頼性の面でも"まし"なものになった。

このL型も軍用保護自動車の認可を得たが、航空エンジンの始動に使用される特殊架装をした軍用車の受注も多かった。

ちよだO型トラック。1934年に陸軍首脳が工場を視察、量産されて100台が軍に納入された。1936年につくられたタイプから「ちよだ」と名乗るようになった。1トン積み。

その後、これをベースにしてトラックは3種類になった。ウォームギアで後2軸を駆動する方式の6輪化したN型、1932年(昭和7年)に6気筒エンジンを搭載したQ型、1トン積みのO型を1931年(昭和6年)に完成、これはメカニカルながら4輪にブレーキを備えていた。これらは、TGEから「ちよだ」という車名になった。

これと併行して低床式シャシーによるバスや、日本自動車を通して輸入したハドソンの指揮官用の6輪乗用車、商工省指定の標準型トラックを生産した。このなかでも鉄道省が鉄道を開設しても採算がとれない山間部と地方の主要都市を結ぶ路線バスに「ちよだ」が採用されたことも経営の安定に貢献した。鉄道省による省営バスは純国産でなければならず、その認定試験は軍の認定試験よりも厳しいと言われていたからであった。

TGE-N型2トン積みトラック。L型のエンジンを大きくし、6輪にしたもので、1932年までに30台生産された。

2トン積みのちよだP型トラック。O型とほぼ同じ時期に生産されたものであるが、エンジンは直列6気筒になっている。これをベースにした4トン起重機などの応用車もつくられた。

21

石川島自動車製作所
イギリスのメーカーとの提携で出発

　徳川幕府によって石川島(後の東京都中央区佃島)に造船所がつくられたのはペリーが浦賀に来航した1853年(嘉永6年)のこと。明治維新後に海軍の管理下に置かれていたこの造船所が、1876年(明治9年)に民間に払い下げられて造船所としてスタートしたのが石川島造船所の始まりである。これが、株式会社となって、初代の代表者は銀行界の大物である渋沢栄一が就任し、渋沢傘下の企業の一つになった。

　石川島造船所は第一次世界大戦による海運業の隆盛の影響を受けて、造船部門が大きく成長するなかで事業を拡大、莫大な利益を上げた。自動車に進出することを考えたのは、大戦が終われば景気が冷え込んで造船は不況になる可能性があることから、新しい事業として注目、準備を始めたのである。

●イギリスのウーズレー社との技術提携

　新規に自動車をつくるには、すべてを学ぶところから始めなくてはならない。東京瓦斯電気工業の場合は、陸軍の技術廠が手取り足取りノウハウを教えてくれ、材料まで手配してくれたが、自らの意志で自動車に進出することを決めた石川島は、海外のメーカーと提携する道をまず選んだ。大企業が新規事業に参入するときの常套手段ともいうべき方法であり、提携先を探し日本人技術者を派遣して自動車に関するノウハウを修得することが活動の第一歩となる。

　石川島が選んだ相手先はイギリスのウーズレー社だった。1918年(大正7年)11月に契

1920年に新設された東京・深川の石川島造船所の分工場でつくられるウーズレー乗用車。

ウーズレーASW型トラック用シャシー。乗用車の販売がうまくいかなかったためにウーズレーCP型をモデルにしてつくられたもの。

ウーズレーBSW型6輪トラック。ASW型をベースに改良、後2輪を駆動軸として固定し、キャタピラで駆動するもので陸軍に20台ほど納入され、これが6輪トラックの始まりであった。

第1章 量産自動車メーカーの誕生と戦前のトラック

約が成立、日本におけるウーズレー社の自動車の製造及び東洋における販売権を獲得した。

ウーズレー社は羊毛の刈り取り機メーカーから自動車部門に進出した、イギリスでは古い自動車メーカーである。ここで最初に自動車をつくったのが若き日のチャールズ・オースチンであり、彼は意見が合わずに飛び出して自分の会社をつくって成功したのである。このころのウーズレー社はヒット作を生み出して、イギリスを代表する自動車メーカーとなっていた。

契約期間は10年、契約金額は80万円といわれている。この年の12月に、のちに石川島の自動車部門の技術リーダーになる石井信太郎をはじめとして、技師2名、鋳物工や仕上げ工や旋盤工など計6名がイギリスに派遣されて8ヵ月にわたって研修を積んだ。

同時に年間50〜100台程度の生産規模の工場の計画もウーズレー社の技師に作成してもらった。

日本にはない歯切り機械などの工作機械を輸入し、そのほかは国産の機械を据えた工場が1920年(大正9年)に完成、石川島造船所自動車部がスタートした。場所は東京下町の深川で機械工場、組立工場、板金工場、修理工場、材料製品倉庫、化学実験室などを持つ、当時の日本の自動車メーカーの設備としては立派なものであった。

工場完成に合わせてウーズレー社から技術指導員が来日、ウーズレーA9型乗用車の生産が開始された。

しかし、いろいろな問題が発生した。とくに各種の素材の質が良くないことだった。特殊鋼も成分が不安定で使用に耐えられるかどうかのテストから始めなくてはならなかった。

素材の多くを輸入に頼ることにして、国産第1号が完成したのは1922年(大正11年)12月の末のことだった。

しかし、思った以上にコストがかかり、1台当たりの原価は1万数千円になった。当時同じクラスのアメリカのビュイックやハドソンが日本では6000〜7000円という価格だったので、赤字覚悟で価格を1万円にした。

ウーズレーCP型トラック。1924年につくられた1.5トン積み。これが石川島にとって軍用保護自動車に認定された最初であった。これにより、自動車メーカーとしての地歩を固めた。上は、完成したCP型トラックのテスト走行中のスナップ。

売却先の多くは渋沢栄一の縁故で"仕方なく"購入した人たちだったが、トラブルもあり、価格も高く不評だった。とても採算がとれる見通しをつけることができなかった。

● トラックメーカーへの転身

そこで、メーカーに補助の出る軍用保護自動車をつくることにしたのである。1923年（大正12年）にウーズレー社から届いた2台のトラックとその図面をもとに、トラックの試作が始められた。

この転換は陸軍に歓迎された。一刻も早く軍用保護自動車を完成させようとしていたところ、1923年（大正12年）9月の関東大震災に遭い、工場は壊滅的な被害を受けた。

被害のあった機械類のうち使用できるものは修理し、地震により焼失した佃島の本社の事務所内に自動車工場をバラックでつくり、移転して操業を開始した。

しかし、屋根もろくにないまま作業が始まり、雨の日は機械に傘をくくりつけての突貫作業だった。このトラックが完成しなくては自動車部が立ちゆかないと、徹夜作業で完成させた。小石川にあった陸軍砲兵工廠や築地にあった海軍造兵工廠からも応

独自に設計したA6型直列6気筒ガソリンエンジン。排気量は4070cc。4気筒のA4型エンジンも同時につくられ、ボア・ストロークは共通だった。

スミダJH6輪トラック。民間でも使用された。

1927年のウーズレー社との提携解消にともない、1928年からスミダという名称になった。上の写真はいずれも、その最初のトラックであるスミダL型、上が応用車、下がL型トラックのシャシー。

援の技術者が駆けつけた。

このころは東京瓦斯電気工業だけが軍用保護自動車メーカーとして認可されていたが、大戦後の不景気で事業縮小したこともあって、軍用保護トラックの生産ははかどらなくなっていたので、石川島造船所に対する期待が高まっていたのである。

1924年(大正13年)3月に2台の試作トラックが完成、代々木での定置試験の後に1000kmにわたる運行試験が実施された。これに合格して、翌年にはウーズレーCP型1トン積みトラックが軍用保護自動車として認定された。

このトラックをベースにしてバスも製作し、自動車の生産は1926年(大正15年)には160台にのぼり、翌27年には179台、さらに28年には244台と比較的順調に伸びていった。これにより、自動車部は石川島造船所のなかでの地位を確保した。

●石川島自動車製作所として分離独立

1927年(昭和2年)にはウーズレー社との提携を解消して、独自に自動車を設計製作することができる立場を確保した。この年の8月には独立採算制をとり、1929年(昭和4年)5月には東京石川島造船所から分離独立し、石川島自動車製作所となった。社長になったのは渋沢栄一の三男渋沢正雄だった。もともと東京石川島造船所は海軍の仕事が中心であり、陸軍と関係の深い自動車部門は別にする必要を感じていたのである。

ウーズレー社との提携解消にともない、車名が「スミダ」に改められた。隅田川のほとりに工場があることに由来した名前である。1929年(昭和4年)には新しいエンジンを開発、水冷直列式で、4気筒A4型と6気筒A6型の2種類あるが、ボア・ストロークは共通で2720ccと4070ccであった。

また、それ以前に陸軍からの要請で、オフロード走行に適した6輪車を開発、最初に試作されたのがASW型、改良したBSW型は2軸の後輪を鎖でつないで駆動する方式であった。

石川島自動車製作所が独立したころには、フォードやシボレーなどアメリカのメーカーによる組立車が日本で大量につくり始められるようになった。軍の予算も決して多くはなく、経営的には苦しい状況がつづいた。それでも、日本のメーカーのなかでは最大手といってよかった。

上下ともスミダP型6輪トラック。ウーズレーBSW型などの実績を基につくられたもので、多くが軍用に供された。

快進社及びダット自動車製造

経営刷新のために軍用トラックを開発

　ダット号は橋本増治郎がつくったものである。蔵前の東京工業学校(東京工業大学の前身)機械科を卒業、工兵隊に勤務し、当時の陸軍の機械化に貢献したのち住友銅山勤務、その後、1902年(明治35年)に海外実習練習生としてアメリカに派遣された。3年ほどアメリカのメーカーで蒸気機関の実習業務についたが、1904年(明治37年)に日露戦争が勃発すると、日本のために役立とうと帰国する。

　帰国して3ヵ月ほど軍の砲兵工廠で働いたのちに、橋本は本格的に国産自動車をつくり始めた。37歳になった1911年(明治44年)に東京の広尾に自分の工場を持つことになったのだった。

　自動車の修理で収入を確保しながら、まずはエンジンの開発を始めた。橋本を精神的・物質的にバックアップしたのが、田健次郎、青山禄郎、竹内明太郎の3人だった。しかし、大資本のメーカーとは異なり、個人の能力で経営するので、橋本は先駆者としての労苦から逃れることはできなかった。

　橋本がダット1号を完成させたのは1912年(明治45年)のこと。搭載されたのはV型2気筒ガソリンエンジンだったが、これは試作だけで、つづいて1913年にダット2号車を完成させた。1600cc10馬力エンジンのホイールベース2003mmという小型車である。ダット号は、1914年(大正3年)の東京大正博覧会に出品され、銅賞を獲得している。

　翌年にダット31型がつくられ、1916年(大正5年)に直列4気筒エンジンにしたダット41型がつくられている。排気量3500cc15馬力である。乗用車だけでなく、トラックもつくって、本格的に販売する計画を立てた。しかし、当時の日本は舶来品は高級で国産品はお粗末なもの、という評価が一般化していて、思うように売れなかった。

　2年のブランクを経て、1918年(大正7年)に快進社は、新しい組織にして出直しが図られた。600坪の工場を豊島区のはずれに建設、研磨盤やギアの歯切り盤などの工作機械も、新鋭のものを輸入して自動車製造に本格的に取り組む計画が立てられた。トラックの架装などの仕事を請け負いながら、ダット号の生産を続けた。

　橋本が苦しい経営の打開策として狙いを定めたのが、軍用保護自動車の制定による

1924年につくられたダット41型トラック。乗用車と同じシャシーに荷台を架装したもの。

1931年につくられたダット71型6輪トラック。このときにはダット自動車製造になっていた。

第1章 量産自動車メーカーの誕生と戦前のトラック

自動車をつくって、メーカーとして補助金を確保することだった。

ダット41型をベースにして軍用保護自動車の規格に合ったトラックを完成させたものの、ねじの規格のことで陸軍ともめたこともあって、正式に認定されたのは1927年（昭和2年）になっていた。その間に快進社を解散して、「ダット自動車商会」として新しい組織になっている。

60馬力エンジンを搭載した1トン積みと1.5トン積みのダット51型トラックは、せっかく認定されたものの、生産するための資金調達ができなかった。

トラックの国産化を最重要課題としてメーカーの体力強化を図っていた軍部は、ダット号をつくる「ダット自動車商会」と大阪にある「実用自動車製造」の合併を仲介した。自動車の生産設備を持つ実用自動車と軍用保護自動車の権利を持つダットとの合併は、陸軍が保護トラックを増産するために欠かせないことだったのである。

実用自動車製造の創立にはアメリカ人のウイリアム・ゴーハムが関わっていた。1918年（大正7年）に、横浜に上陸したゴーハムは航空機の宣伝と売り込みでエンジンと飛行機を持って来たのだが、うまくいかなかった。

来日するにあたって世話になった櫛引弓人が足が不自由なことから、飛行機といっしょに持ち込んだハーレーのエンジンを使って前が二輪、後ろが一輪の三輪車を製作、"クシ

カー号"と名を付けてプレゼントした。

この三輪車が大阪の久保田鉄工所の久保田篤次郎の目にとまり商品化計画が立てられた。ゴーハムから10万円で製造権を買い取ると久保田鉄工を中心にして関西財界人からの資本金100万円で「実用自動車製造」を設立、ゴーハムを設計製作担当の役員に迎えて工場を建設した。

ゴーハム式自動三輪車は梁瀬の大阪支店から1,300円で発売された。巡査の月給が35円ほどだったから、かなり高価なもので、人力車に代わる乗り物としては無理があった。ゴーハムは1年ほどで退社し、鮎川義介の経営する戸畑鋳物に引き取られた。その後、丸ハンドルのゴーハム式四輪車をつくったが、売り上げは伸びず、ゴーハム号は三輪車が約150台、四輪車が150台の合計300台ほどつくられただけだった。

さらに改良を加えたリラー号は、ごく少数のトラックを含めても200台程度がつくられただけで終わった。

1926年（昭和元年）に両社が合併して、資本金40万5,000円で「ダット自動車製造㈱」が成立した。

ダット自動車製造は、橋本増治郎が精魂をこめてつくり上げたダット51型トラックを製造、軍に納入することで業績の安定を図りながら軍用保護自動車と不整地用6輪トラックの開発を行った。合併した直後に橋本は自ら身を引いていた。

1930年に陸軍の試験走行中のダットサン61型トラック。町中での審査風景がいかにも時代を感じさせる。1.5トン積みで、エンジンは直列4気筒40馬力、ホイールベース3340mm。左頁の71型はエンジンもひとまわり大きくなり、2トン積みである。

東京自動車工業（いすゞの前身）

標準形式トラックの製造と保護自動車メーカーの合併

●苦しい経営と国産メーカー育成方針

　保護自動車3社は経営的に苦しい時代が続いた。業績が伸び悩んだのは、日本でノックダウン生産を始めたフォードとGMの自動車がよく売れたからでもあった。トラックの一部は軍に買い上げられて使用されたが、とても国産自動車が価格的に太刀打ちできるものではなく、不況で販売が鈍るとフォードとシボレーは廉売することもあった。さらに、1930年代にはいると、金解禁による緊縮財政により軍備予算も削られたから、軍用保護自動車を生産する各社は、陸軍との契約が解除になることもあった。

　石川島自動車製作所では人員整理も行われた。ダット自動車製造で小型自動車の規格が350ccから500ccに引き上げられる機会を捉えてダットソンを開発したのも、何とか低迷を打開しようとした方策の一つであった。石川島自動車の渋沢社長や東京瓦斯電気工業の松方社長は、財界筋にも顔が利いたので、それを利用して国産自動車の愛好運動を盛り上げる活動をした。

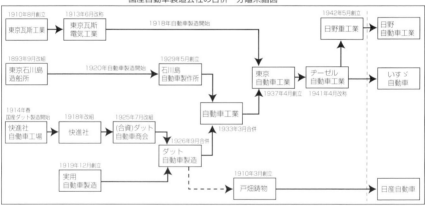

国産自動車製造会社の合併・分離系譜図

合併当時の大森工場と当時のパンフレット。

第1章 量産自動車メーカーの誕生と戦前のトラック

一方では自由貿易の時代であり、外国の安い自動車を使用するほうがいいという国際分業化の主張もあった。しかし、外貨不足もあって、次第に政府も国産品愛用を奨励するようになった。

1929年（昭和4年）9月に国産振興委員会で自動車が採り上げられて、翌30年5月に国産自動車を育成する方針が出された。精密な部品を使用する製品である自動車は、いったん外国製ばかりに市場を委ねると永遠に国産化のチャンスを失いかねないとして、日本のメーカーの健全なる発達を助長する必要があったのである。

これに基づいて、1931年（昭和6年）6月に国産自動車工業確立調査委員会が設置された。この委員には二人の東京帝国大学教授に内務省、大蔵省、陸海軍省、商工省、鉄道省の関係局長、保護自動車3社の社長が名前を連ねた。

この委員会では、1932年（昭和7年）3月まで審議を続けて軍用トラックの方向性を打ち出した。このときの結論が、その後の自動車メーカーの将来を大きく左右するものになった。その内容は次のとおりである。

①トラックやバスなどで3社が協力して単一車種にしぼって大量に生産することでコスト削減を図る。

②フォードやシボレーのライバル車になることを避けて、それよりひとまわり大きい中級クラスにしてエンジン排気量も4000ccクラスにする。

③生産から販売まで3社が組織的に協力して年間1000台以上の生産を目標にする。

④将来的には乗用車の生産も考慮するものの、トラックやバスで充分な経験を積んでからにする。

これにより、軍用保護自動車のメーカー3社は、合併する方向を確認したのである。また、フォードやシボレーなど乗用車やトラックの分野で主流となるクラスの車種よ

1932年につくられたスミダX型6気筒エンジン。大量生産を意識した設計でコスト削減を図ったもの。

上右及び下は3社による共同設計でつくられた商工省標準形式となったいすゞTX35型トラックとそのシャシー。

29

りひとまわり大きいサイズのクルマをターゲットにしたことで、その後にトヨタや日産がそのクラスに参入することを容易にした側面があったが、結果として、後発メーカーのトヨタと日産に漁夫の利をさらわれることになった。

こうした3社の合併が取りざたされるようになった最中に、ダット自動車製造が日本産業グループの傘下に入ったのである。

●商工省標準形式自動車の試作

それについては、後で触れることにして、ここでは3社で協力してひとつの車種にする、つまり商工省標準形式自動車の試作を開始したことについてみることにしよう。

いってみれば、国家的見地にたった共同設計で、効率的に自動車をつくろうとするものである。3社の技術者に加えて、鉄道省の島秀夫、陸軍の上西甚蔵技師が加わり、

各メーカーの役割分担が決められた。鉄道省がフレームやステアリング、ボンネットまわり、ダッシュボード、石川島自動車製作所がエンジン、東京瓦斯電気工業が前後アクスル、ホイール、ブレーキ、ダット自動車製造がトランスミッション、クラッチ、プロペラシャフトである。

最初の試作車が完成したのは1932年（昭和7年）3月で、これをもとに完成度を高めた試作車が再度つくられて、完成したのが同年11月、各種の走行テストをくり返し不具合を修正して商工省標準形式自動車として完成したのが、1934年（昭和9年）3月であった。

このクルマは伊勢の五十鈴川にちなんで「いすゞ」と命名された。これが後のいすゞ自動車という社名になる。

このときにつくられたガソリンエンジン搭載のTX40型トラックが、戦後まで続くいすゞのメイン車種となる。

2トン積みのいすゞTX40型トラック（左）。ホイールベースも4000mmと大きくなっている。エンジンはX型を搭載。下左はTX40型のリアデフ。下右は1938年当時の同トラックの組立風景。

第1章 量産自動車メーカーの誕生と戦前のトラック

折から、1931年(昭和6年)9月に起こった満州事変により戦線が拡大、軍用トラックの需要が急増した。軍需費は大幅に増えて軍備拡大の傾向が強められ、軍備の機械化を推し進めていくことになる。そのなかで、輸送用トラックだけでなく、不整地用の6輪トラック、野戦重砲の牽引車、軽戦車などがつくられた。

●軍用保護自動車メーカーの合併

商工省や陸軍の仲介により、3社の合併協議が1932年(昭和7年)9月から始まった。この会議に参加したのがダット自動車製造を傘下におさめた戸畑鋳物を経営する鮎川義介であることから、他の2社は警戒感を強めた。いったんまとまったものの、東京瓦斯電気工業自動車部が親会社の都合で合併に参加できないことになり、とりあえず他の2社が合併することになり、ダット自動車製造が組織的に大きい石川島自動車製作所に吸収されて新会社を設立することで合意した。実際には軍用保護自動車に関するダット自動車製造の権利が移行するだけで、小型自動車のダットソンと実用自動車から引き継いだ大阪にあるダット自動車製造の工場は、戸畑鋳物自動車部として、これとは別に活動することになった。

合併による新会社「自動車工業」が設立されたのは1933年(昭和8年)3月である。鮎川や浅原源七が新会社の取締役として名前をつらねたが、ダット自動車製造の技術者や工具などは戸畑鋳物自動車部に残り、やがて日産に引き継がれることになる。

この年の12月にこの自動車工業と東京瓦斯電気工業は、共同出資で「協同国産自動車」を設立する。両社の営業部門が一体化したもので、製造部門も含めて合併するための前段階であった。両社が合併して「東京自動車工業」として出発するのは1937年(昭和12年)4月9日である。「いすゞ自動車」は、この日を創立記念日としている。

これで、保護自動車3社が名実ともに一体化したことになる。石川島系の工場は鶴見に新しく建設され、瓦斯電系の工場も軍需製品の増産のために大森にあった工場を都下の日野に移して日野製作所がつくられた。これが1942年(昭和17年)に分離されて日野重工業になった。これにより、いすゞとは別会社となり、後の日野自動車に続いている。

東京自動車工業は、1941年(昭和16年)4月に社名を「ヂーゼル自動車工業」に変更、「いすゞ自動車」と名乗るのは戦後の1949年(昭和24年)7月のことである。

陸軍の要請によって開発された6輪トラック94式自動貨車。不整地走行を目的としながら、TX型とできるだけ共通部品を使ってつくられた。多くの応用車がつくられている。

31

1-2. 自動車製造事業法によるトラックの製造

　軍用保護自動車のメーカーが中型クラスのトラックをつくることになり、輸送にもっとも必要とされる1トンクラスのトラックの国産自動車メーカーを育成するためにつくられた法律が、自動車製造事業法である。このころの自動車の規格は、今日とは異なり、小型車は750cc（1934年に500ccから引き上げられた）までの排気量のサイズの小さいクルマで、ダットサンやオオタなどがあった。無免許で乗れるという特典があり、この上の普通車はフォードやシボレーが主流となっていた。小型車はトラックも含めて民間用であり、自動車製造事業法は"普通車"を対象としたものである。

　飛行機に関しても、同様に製造事業法がつくられるが、自動車の方が施行は1936年（昭和11年）と飛行機より1年早かったのは、メーカーの育成がそれだけ緊急を要したからである。フォードが日本での地歩を固めようとして横浜に広大な土地を購入、生産規模を大きくする動きを見せたことに、商工省や陸軍が警戒感を強め、少しでも早く国産メーカーを育てようと急いだのである。

　確かにフォードやシボレーの方がトラックとして使用するには優れているが、それを軍用に率先して使用するわけにはいかなかった。つまり、この事業法は明らかに外国資本の自動車メーカーを排除する目的を持ったものだった。フォードとGMが日本で組立を開始したことが、日本の自動車産業を盛んにすることに貢献したが、同時にあまりにも強力なメーカーであったために、国産メーカーが育つようにはならなかった。

上はフォードトラックで、下は同じくフォードの6輪トラック。

　ただし、フォードやシボレーが市販されたことで、日本での自動車の保有台数が大幅に増え、そのことが日本の部品メーカーを誕生させるようになった。タイヤをはじめとして、電装品や消耗部品の需要が増えて、それに応じる部品メーカーが小規模ながら多くなった。それにより、技術レベルも少しずつ向上した。

　また、戦前の自動車の場合は、エンジン付きのシャシーで販売し、それぞれ用途に応じて販売会社や専門の会社でボディ架装され、トラックにもバスにもなった。陸軍も、間に合わせにフォードやシボレーのトラックを使用していたが、ことは国防に関することであった。

　トラックの国産化は急務であり、軍部は

外国製に依存している現状に危機感を深めて、国産車の保護と育成を目的に法案づくりを急いだのである。この法律の成立後は両メーカーが日本で生産する自動車の台数が規制された。

この法案の骨子は、
①排気量が750cc以上の自動車を年間3,000台以上生産する場合は、政府の許可を必要とする。
②許可を受けた会社に対して向こう5年間の所得税を免除し、外貨の割当も優先する。
③許可会社の資本の増加、社債の募集等に関しては商法上の特例を認める。
④許可会社が製造した自動車は軍が優先して買い上げる。
といったものだった。さらに「株式の過半数が日本臣民または帝国法令によって設立された法人で、議決権の過半数が日本臣民に属する株式会社であること」に限定されていた。

国産トラックの活躍を報じる新聞記事。

ただし、外国資本の自動車メーカーには「既存の範囲内においてのみ既得の権益を認めて、その事業を許容するが、その後における新設または拡張は認めない」と厳しく制限が加えられた。

1936年(昭和11年)5月に自動車製造事業法が交付され、9月にこの事業法にもとづく許可会社になったのが豊田自動織機自動車部(トヨタ自動車の前身)と日産自動車である。軍用トラックを量産するために、メーカーを保護育成することを目的としたこの法律により、両メーカーは所得税の5年間の免除や機械類の購入のために優先的な外貨使用が認められた。陸軍が大量にトラックなどを買い上げてくれるかわりに、陸軍からの要請で大幅な量産化を図ることになり、そのために莫大な設備投資をしなくてはならなかった。

自動車製造事業法が公布されると、それまでの軍用自動車の育成と確保のために国が補助金を出すという、軍用自動車補助法は廃止された。この許可会社として認可されたことにより、豊田自動織機自動車部と日産自動車の両メーカーがトラックを量産化することになった。また、この法律は、民間の乗用車の使用を制限する方向を示すものでもあった。軍と商工省によって、経済が統制されていく第一歩となったのである。

上はシボレートラックで、下は同じくシボレーの6輪トラック。

日産自動車

海外メーカーとの提携の挫折とトラック製造

●日産自動車の創立者・鮎川義介

　日産自動車を創設した鮎川義介は1880年(明治13年)に山口県の士族の家に生まれた。東京帝国大学の機械工学部を卒業した鮎川は、芝浦製作所に入社すると最高学府を卒業したにも関わらず、現場を希望して鋳物工場に3年勤務したあと渡米する。

　本場でさらに鋳物を学んで帰国すると、井上馨、久原房之助、藤田小太郎といった財界人と三井物産の出資を受けて1910年(明治43年)に30歳で「戸畑鋳物」を設立、アメリカから最新の鋳造設備を輸入して鋼管の継ぎ手など広範囲にわたる鋳物製品を製造、第一次世界大戦の特需もあって業績を伸ばした。久原房之助から久原鉱業とその系列会社を引き継いで、鮎川は傘下の企業をひとつにまとめて「日本産業」を設立、のちに「日産コンツェルン」と呼ばれることになる巨大な企業を率いて、さらに事業を拡大する。

　鮎川義介は、実用自動車製造を引責辞職したゴーハムを自分のブレーンとして戸畑鋳物に迎えた。

1933年に建設された日産の横浜工場。ここにグラハムペイジからの生産設備を購入してトラックなどの量産を開始した。許可会社になることは、陸軍の要請する軍用トラックを大量につくることが前提であり、当時それが可能なのは日産とトヨタしかなかったのである。

　その実用自動車製造は、前述したようにダット自動車商会との合併が進み、小型自動車のダットソンを開発した。その生産のために資金が必要になり、戸畑鋳物の鮎川に資金援助を依頼した。

　足回りやユニバーサルジョイントなどは橋本増治郎がつくったダット号のものを使ったことから橋本への敬意をこめて車名を「ダット号の息子」という意味の"ダットソン"と名付けたが、のちにソンは損を連想させて縁起が悪いということで太陽のSUNを採って「ダットサン」と命名された。

　資金援助の依頼を受けた鮎川は、腹心の山本惣治を役員として送り込んだ。ダット自動車製造に関する山本の報告は、見込みはあるが資金不足で生産はむずかしいというものだった。鮎川は新しい事業に乗り出すときはあらゆる角度から検討するが、ダット自動車製造の全株を手中に納めるのも早かった。

　鮎川が実際にやりたいのは、フォードやシボレーのような普通車の大量生産だった。そのための方法として日本GMと資本提携することがよいと考えた。

　自動車製造事業法が施行され、外国資本のメーカーに制限が加えられる状況になり、GMも何らかの手を打たなくてはならないと考えている時期だった。両社の間で提携に関する話し合いが何度も持たれた。日本における権益をなんとしても守りたい日本GMにとって、鮎川の提案は最後の頼みの綱のようなものだった。

●日産自動車の設立とトラックの製造

　日本GMとの提携に相応しい会社として鮎

第1章 量産自動車メーカーの誕生と戦前のトラック

川は戸畑鋳物が40％、日本産業が60％を出資して「自動車製造」を設立する準備に入った。部品製造のための「自動車製造」を1933年(昭和8年)12月に発足させた。これが日産自動車の事実上のスタートになっている。

横浜市が臨海工業地帯用に埋め立てた広大な土地を購入していた戸畑鋳物から、その一部を譲り受けて工場の建設に着手、ゴーハムをアメリカに派遣して必要な工作機械の買い付けにあたらせた。

日本GMとの提携は、軍部が反対したために実現せず、当面はダットサンの製造販売が中心にならざるを得なかった。社名を「日産自動車」にして、東京・銀座のショールームで華々しい発表会でダットサンが披露され、シボレーやフォードといった人気車種を巧みにスケールダウンしたスタイルで好評を博し、1936年(昭和11年)にはトラックが加わって需要を開拓した。

しかし、自動車製造事業法の許可会社になるには、クルマもエンジンもこれよりひとまわり大きくしなくてはならず、外国の自動車メーカーと提携する必要があった。

候補になったのがアメリカのグラハムペイジ社である。経営が苦しくなって工場の設備を売りに出していたのである。主に6気筒エンジンを搭載した中級車を生産、それを大衆車並みの価格で発売した。頑丈で故障知らずのエンジンと質の高いクルマづくりが評判になり、乗用車と同じ6気筒エンジンを使ったトラックも生産、こちらのほうも、そのままディーゼルエンジンに転用できる頑丈さが売りものだった。

1929年(昭和4年)に始まる大恐慌は、グラハムペイジ社に大きな打撃を与えた。新しいモデルを出したものの、苦境を抜け出すことができなかった。不況による業績低下で、不

要になった工場の生産設備を売りに出していたのである。

さらに、同社で開発した新型トラックのライセンスを資金難のためにダッジ社に譲渡し、資金不足から試作の途中でストップしたままの新型トラックがもう1台あり、そのトラックのライセンスを日産に譲渡する契約が結ばれた。これは日産にとって願ってもない話だった。試作が中断していたが、それを完了させて日産に引き渡すこと、現状から完成までの費用は日産が支払うということで話し合いがついた。

完成したトラックと、購入した機械類は運ぶ船の最終便にグラハムペイジ社の技術者たちと一緒に1936年(昭和11年)7月に横浜港に到着した。やってきた技術者たちも機械の据え付けが終わったあとも日本人工員を熱心に指導し、習熟したことを確認してから帰国した。

このトラックは都市間の輸送に使用するために開発されたセミキャブオーバータイプだった。これらをもとに日産では、きわめて短期間に乗用車2台と2台分のトラックシャシーを完成させた。1937年(昭和12年)3月のことである。

ダットサンとは別にグラハムペイジから提供された技術を基につくられたトラック・乗用車などの発表会が華々しく開催された。これは許可会社になるデモンストレーションでもあった。

トラックも乗用車もエンジンはグラハムペイジ社伝統の直列6気筒、SVの3,670cc・85馬力で、その信頼性はこれまでの実績からいって充分だった。5月21日には日産本社で内示され、乗用車は「70型」トラックは「80型」、エンジンは「A型」として発表された。内示会のあとの5月28日から31日まで大手町に特設した会場で展示され、4日間で5万人が訪れた。

このあと発表会は沼津、名古屋、大阪、岡山、広島の順で7月まで開催されたが、こういった発表会が開催された各地は、いずれも陸軍の主力部隊が駐留する本拠地だったことも、日産がいかに軍に期待していたかがわかるだろう。

●日産80型トラックの欠点とその改良

80型トラックにはホイールベースが104インチ(2,641mm)と128インチ(3,250mm)の2種類が用意された。価格はショートホイールベースが4,150円、ロングホイールベースが4,460円で、1935年(昭和10年)に発売したトヨタG1型トラックよりも高かった。鮎川は、このトラックのスタイルが気に入らなかったが、目立つという点では抜群だった。高い位置にある運転席は見晴らしが良さそうだと言われ、短いボンネットは子豚の鼻のようで愛嬌があると、これも評判が良かった。

80型トラックの初年度の生産台数は3桁台だったが、生産設備に慣れた翌年8月には予定を超える1,011台を生産して急ピッチで量産体制に入った。生産された80型トラックはほとんどを軍が買い上げたため、民間に出回った数はトヨタG1型に及ばなかった。80型トラックのキャビンも最初のうちは木骨構造に鋼板を張る工法だったが、プレスでインナーパネルを打ち抜けるようになると生産効率はトヨタを上回った。グラハムペイジ社は不要になった大型のプレス機1基を鮎川に無償で譲渡したが、このプレス機はその後も長期間にわたって日産工場のなかで活躍した。

軍に納入された80型トラックの多くは新たに編成された部隊とともに満州に送られたが、現地からの指摘は厳しいものだった。エンジンやクラッチ、ミッションなどにトラブルが発生した場合に、80型はエンジンごと前方に引き出さなければならなかった。セミキャブオーバーだから仕方がないと言えばそれまでだが、それにしても前の開口部が小さ過ぎるという整備性の悪さのほかにも、悪路、とくに泥濘地で動きがとれなくなるという重大な問題があった。

整備性の問題は開口部をグリルのセンターから左右に大きく開くようにしたことで改善したが、悪路の踏破性には日産も頭

横浜工場における日産80型トラックの完成の祝賀式。

80型トラックを陸軍に納入する際の記念写真。左にあるのが、このトラックをベースにしてつくられた70型日産乗用車。

第1章 量産自動車メーカーの誕生と戦前のトラック

を抱えることになった。

　キャブオーバーにしてもセミキャブオーバーにしても重いものが前に集中するために泥濘で前輪が埋まってしまって動きがとれなくなる。それを少しでも減らすためにグラハムペイジ社は前輪のトレッドを拡げる方法を採ったのだが、これがまた大きな問題になった。トラックが隊列を組むときは縦列が常識になるから1台が立ち往生すると後続のクルマが進めなくなる。また、雪道や不整地では先行するクルマの轍の跡をトレースして進むことも常識だが、80型はトレッドが広いため、片輪しか轍の跡に乗れないことも立ち往生の原因のひとつになった。

　トレッドが広いための問題は、さらに続いた。シボレーやフォード、トヨタなどのトラックが通過できる幅の道や橋を渡れないこと、中国で多い城壁に囲まれた町の城門も通れないことがあった。城門を通れない場合はやむを得ず城外に止めることになるが、そうなると夜襲の格好の目標になって、人的被害が増えるという報告がなされた。

●モデルチェンジによる180型トラックの登場
　指摘された問題を解決する方法はひとつ

しかなかった。それはセミキャブオーバーを諦めて、ごく普通のボンネットタイプにモデルチェンジすることだった。このモデルチェンジは日産の浮沈にかかわるものであると同時に国家の急務として、失敗も遅滞も絶対に許されなかった。

　日産のすべてが「180型」と呼ばれることになるトラックの大幅改良に集中され、最優先された。シャシーと足回りも当然新しく設計されて1939年（昭和14年）に完成した。

　ところで、80型のほうは軍の運用上の観点から主に中国大陸に送られるようになったが、高い位置にある運転席が狙撃の目標になると、兵士たちのあいだでの評判は芳しくなかった。

　当時のニュース映画では仏印に進駐した部隊のなかに多くの80型を見ることができるが、その数ヵ月後にはマレー半島の湿地帯で苦闘する姿が見られるようになった。もうひとつの重大な欠点はすべてがインチサイズだったことだろう。

　トヨタはシボレーとフォードを範としたが、採寸にあたっていち早くメトリックに換算して製作した。つまり、80型をはじめ日産とトヨタのクルマでは部品の互換性が

グラハムペイジ社で設計された日産80型トラック。本来は都市間の輸送に使用する目的で開発されたセミオーバーキャブトラックであった。鮎川がこれを最初に見たときに「風邪を引いた象のようだ」という印象を語ったという。

37

なかったのであり、それが地形や風土を考慮して満州以外に重点的に配置した理由のひとつだったと考えられる。

モデルチェンジされた180型シャシーに載せるエンジンは、それまでのA型の問題点をチェックして改善された。ギアドライブになったこと、点火装置にバキューム・コントロールが付いたこと、キャブレターの始動性の向上などであった。

改善されたエンジンを載せた180型は5ヵ月後の商工省の運行試験に合格したあと、その年いっぱいを細かい部分の設計変更や改良にあてたあと、1941年(昭和16年)の初めから量産体制に入った。1938年(昭和13年)8月に、トラックと共用できる部品以外のものを使う乗用車に生産中止命令が出て、ダットサンの製造を中止し、180型に集中することになった。

量産を開始すると、すぐに月産3,000台に達し、これにともなって80型トラックの生産は180型に振り替えられた。軍が要求した生産台数は1939年(昭和14年)の80型は年産7万台、1940年(昭和15年)は7万5,000台、1941年(昭和16年)には180型を8万台と増え続けたが、供給される資材のほうが間に合わないために計画どおりの数字に達したことは一度もなかった。

1942年(昭和17年)になると、軍と商工省は資材を節約するために、どの部分を省略するか、木製にできるかの検討に着手、1台あたり300kgの鉄を節約することが目標とされ、戦時型トラックとなった。木製のキャブを載せた戦時型は「180N型」の呼称で1944年(昭和19年)3月から敗戦の昭和20年まで生産された。

鮎川は、日産自動車の経営が軌道に乗った後、日産コンツェルンの総力を挙げて満州での新しい事業に取り組んだ。日産自動車も満州に移転させようとした動きを見せたが、鮎川の後を引き継いだ村上正輔社長や、その後に社長に就任する浅原源七などの反対で断念した。

その後、鮎川は、満州で思ったように行動することができずに、太平洋戦争の最中に日本に戻ってきている。しかし、その後は事業に手を出すことなく、社会的・政治的な運動に勢力を注ぐようになり、戦後は日産自動車への影響力も強くなくなった。

鉄の不足で戦時簡易型となった日産180N型トラック。

整備性などを考慮してセミキャブオーバータイプから当時の一般的なボンネットタイプに改良された日産180型トラック。

トヨタ自動車工業

その創立とトラックの大量生産

●トヨタ自動車と豊田喜一郎

豊田自動織機を発明した豊田佐吉は、1910年(明治43年)に渡米したときに自動車が想像していた以上に活躍しているのを見て、これからは自動車の時代と確信して帰国したあと「ワシは織機でお国の役に立ったが今度はお前が自動車をつくってお役に立つ番だ」と長男の豊田喜一郎に語ったと伝えられている。少年のころから父と機械のそばで育った喜一郎は、東京帝国大学・機械工学科を卒業すると豊田紡織に入社、父の発明や織機の改良を手伝いながら豊田の機械部門をリードする立場になっても父の言葉を忘れることはなかった。

喜一郎は自動車メーカーになるための準備としてエンジンをつくることから始めたが、これを道楽と見る人もいた。その道楽が認められて豊田自動織機製作所のなかに自動車部が設けられたのは佐吉が没してから3年後の1933年(昭和8年)のことだったが、豊田のなかには、喜一郎が自動車に深入りすることを危惧する意見が多かった。

●A1型乗用車からGA型トラックへ

エンジンの国産化を目標とする喜一郎は、1933年(昭和8年)10月に日本GMから1933年型OHV6気筒エンジンを持つシボレーを購入して分解、各部のスケッチを開始したあと、まずエンジンの部品を試作、それを組み込んだエンジンは試行と失敗を繰り返しながら完成に近づきつつあった。

並行して乗用車のボディづくりも開始され、トヨタの試作第一号の乗用車「A1型乗用車」が完成したのは1935年(昭和10年)10月であった。

自動車製造事業法の公布を前にして、喜一郎は自社開発のA型エンジンを使うトラックを大至急で開発するように指示した。参考用に購入した1934年型フォードのトラックのシャシーを手本にした試作車は、1935年(昭和10年)の3月に始まって8月に完成した。キャビンは木製の骨組みの上に鉄板を張るといった当時の自動車ボディの定番の工法でつくったことも時間の短縮につながったが、トラックでも喜一郎はデザインにこだわりを見せた。それは自動車の顔といわれるフロント部分で最も顕著だった。ラジエターグリルは歌舞伎役者の隈取りと能面を意識した凝ったデザインになった。これをつくった職人たちは"月代(さかやき)グリル"というあだ名をつけた。

●トラックの発売と新工場の建設

トラックとして形ができ上がるのは早

1933年に豊田自動織機の自動車部として自動車部門に参入したときに建設された刈谷工場。月産500台規模の設備であった。

39

かったが、そのあとの試運転ではトラブルが続出した。悪路でリーフスプリングが折れるくらいはいいほうで、フレームが歪んだり、亀裂が入ったり、ドライブシャフトが捩じ切れたりする重大なトラブルのほかに、エンジンやクラッチ、ミッション、デフなど、ありとあらゆるところにトラブルが発生、そのたびに不眠不休で原因の解明と改良が加えられた。

試作から先行試作車3台が名前も「G1型」と呼ばれていたトヨタ初のトラックは市販するに当たって「GA型」に改められた。

このトラックの最初の発表会を東京で行うことになり、完成してすぐに東京に向かったものの途中でもトラブルに見舞われた。それでも、30時間あまりをかけて芝浦に新設された豊田自動車研究所に到着し、予定どおり11月21・22日の2日にわたるお披露目をすませた。

このときに内示された価格は完成車が3,200円、ボンネットと前フェンダーが付いた状態の、いわゆるベアシャシーが2,900円で日本フォードのトラックよりも200円安い設定だった。

東京から刈谷工場に戻ったG1型トラックは整備を受けたあと、名古屋の「日の出モータース」でも発表会を行い、販売が開始されたが、販売する地域を名古屋市を中心とする一部に限定することにした。

限定した理由は顧客に渡してからの故障に迅速に対応できるようにというものだった。お客に納めたGA型トラックは生産初期に見られるトラブルが多く、そのたびに修理班が現場に急行して、お客に何度も頭を下げなければならなかった。

豊田自動織機自動車部が日産自動車とともに自動車製造事業法による許可会社に認定されたのは、1936年(昭和11年)7月だった。

許可会社の認定は下りたものの、これからが大変だった。申請に当たって商工省に提出した申請書に記した生産計画は1936年(昭和11年)7月から12月が1,000台、翌年は6,000台だった。大幅に増産する計画は、1935年(昭和10年)に取得した58万坪という広大な土地に建設を進めている挙母(ころも)工場の稼働を見込んでのことだった。

製鉄から鋳造、鍛造といった重要部門から塗装に至る一貫作業が可能な新しい挙母工場は、1938年(昭和13年)に操業を開始したのである。

この工場の計画から設計までは全部が日本人によって行われたもので、完成後の生産目標は月産2,000台だった。

挙母工場に本拠地を移すにあたって、豊田自動織機から自動車部を分離して「トヨタ自動車工業」が1937年(昭和12年)8月に設立され、豊田利三郎が社長に就任、喜一郎は会社の骨格となる7部門を統轄する"副社長"のポストに就いた。

1936年にトヨタ自動車工業として独立するのにともなって建設された挙母工場。自動車製造事業法に基づく許可会社になったことによって、トラックの大量生産をするために規模の大きい工場としてつくられた。

●G1型トラックのエンジン改良

1938年(昭和13年)のシボレーのマイナーチェンジに倣ってエンジンが改良された。クランクシャフトは鍛造から鋳鋼に材質を変更すると同時に支持も3ベアリングから4ベアリングに、圧縮比を6.4に高めて出力は10％アップの75馬力にして、耐久性の向上が図られた。

B型と名付けられた新しいエンジンの生産を1938年(昭和13年)10月から開始するが、工作機械の内製化が急ピッチで進んで、大型プレス機が稼働を開始した。B型エンジンを搭載した「GB型トラック」の生産を12月から開始、この月だけで3,378台を生産した。

自動車ボディ用の鋼板、とくにプレス用のものの生産は大手の製鉄所でも手が回らなかったことからトヨタは自前の製鉄所で生産、工作機械の生産も1939年(昭和14年)に工作機械部を分離独立させ、1940年(昭和15年)豊田製鋼を設立するなど、積極的な事業の展開が始まった。なお、GB型トラックのスタイリングはGA型の面影を残しながら、よりスマートなものになった。

B型エンジンを載せたGB型トラックに軍用の「GAR型トラック」と「BA型バス」を加えると、初年の生産は4,013台だった。1936年(昭和11年)9月に生産を開始してから1940年(昭和15年)5月までの間に「GA型」は合計17,168台が生産された。中国の天津工場と朝鮮の釜山工場がつくられ、両工場では挙母から送られてきた部品から組み立てるノックダウン方式で生産された。

●KB型トラックの登場

広大な中国大陸での戦いは拡大するばかりで、それだけ補給線が伸びることになった。その一方で、手中に収めた満州では石炭の採掘が急ピッチで進められ、国策に沿って重工業部門も進出、開拓団も送り込まれるなど大規模な変革が強行されつつあった。こういった状況のなかで自動車の需要は急増するが生産が間に合わず、民間が所有するトラックの多くが、お国のためという名目で徴発されて次々に大陸に送り出された。

戦地では、補充されるトラックを受け取りに来るのは経験を積んだ古参兵の役だったが、彼等が狙うのは、まずフォードやシボレーの新車、次が徴発されて来た外国車の中古車、そのあとが国産車といった順序だった。日本GMの生産台数は1933年(昭和8年)に6万台をラインオフしてから毎年1万台ずつ増え続けていたが、外資締め出しを狙う統制経済、部品に至るまでの関税引き上げなどによって次第にその勢いが削がれて

トラックの完成を待って東京で開かれた発表会の会場。

最初につくられたトヨタG1型トラック。フロントグリルのデザインが特徴だった。

行く傾向にあった。

　輸送力の増強のために急遽GB型トラックの積載量を2トンから4トンにすることになった。この通達があった時点で、GB型トラックはフルモデルチェンジの直前だった。

　積載量の倍増は、まずホイールベースを3,600mmから4,000mmに延長することから始められ、剛性を確保するためにフレームを構成する鋼材の肉厚も厚くなった。使われる場所を考えてリーフスプリングは強化され、ロードクリアランスも大きくとることで踏破性が高められた。そのうえで酷使によるオーバーヒートに備えてラジエターの容量が増やされ、クラッチも強化された。

　GB型トラックに代わる新型の「KB型トラック」の生産は1942年(昭和17年)1月から開始することになった。

　KB型トラックのデザインは大きく変わった。キャビンも広く、全体がひとまわり大きくなった印象を感じさせるスタイルからGA、GBの面影はなかった。この時期の"グッドデザイン"と言えるモノで、他のメーカーでつくるディーゼルエンジンを搭載した大型トラックが無骨な形のものが多いぶんだけ、そのスマートさが際だった。

　KB型トラックにはショートシャシーのLB型トラックもつくられたが、軍に最優先で納入するため、民間に渡ることはほとんどなかった。KB型トラックが生産に入ったときは太平洋戦争が始まった直後だった。1940年(昭和15年)8月からトラックとバスは統制されて配給制になり、1942年(昭和17年)7月に設立された「日本自動車配給」を通さなければ民間の手に渡ることはなかった。

　軍に納入されたKB型トラックの多くは新編成の部隊にまわされた。当時のニュース映画にKB型トラックが登場したのは、マレー半島のゴム資源とシンガポール占領を目的とした作戦からだった。この作戦はナチスの電撃作戦の主役になった機甲師団に倣った軍用車両を中心として行われたもので、自転車部隊を伴う機動力でマレー半島を南下した速さは驚異的と言われた。

　太平洋戦争の開戦に先立って、1941年(昭和16年)7月に日本軍は中国国民政府軍に対する援助物資の輸送ルートを遮断するという名目で、ナチスの支配下のフランスの傀儡政権と交渉してフランス領インドシナに進出した。この作戦のもうひとつの目的はカムラン湾とサイゴン港、その付近の飛行場を確保するというものだった。

　この作戦にアメリカは、アメリカにある日本資産を凍結、さらに日本に対する石油

1939年にエンジンを中心に改良が加えられてGB型となった。

市販タイプのトヨタGA型トラック。搭載するA型エンジンは3389cc、65馬力の直列6気筒、1.5トン積みである。ホイールベースは3594mm、全長は5950mmだった。

の輸出を全面的に禁止、一触即発の状態になったのであった。石油の禁輸以前から実施されていたガソリンの切符制が実施されて、コークスや薪による代燃装置を付けたクルマが次第に多くなったのはKB型トラックが登場したころからだった。

● 戦時型のKC型トラックとなる

戦局の激化は自動車を製造する資材にも大きな影響を及ぼした。戦争遂行のために各家庭にある鉄製の釜や鍋、アルミのやかん、食器類をはじめ、さまざまな金属の提出が呼び掛けられるようになった時代だから、軍用のトラックでも余分と思われる部分の鉄は節減されることになった。

まず荷台の底に張られた鉄板が省略され、続いて荷台のあおりの部分に張ってあった鉄板も省略され、前フェンダーの先端は30cmほど切り詰められ、リアフェンダーも省略された。さらにキャビンは木製になった。

1943年(昭和18年)8月に軍需省から出された"戦時規格型貨物自動車緊急措置決定事項"で、さらに鉄板を剥ぎ取られていく。ボンネットやフェンダーは、もはや鉄板とはいえないほど粗悪で薄っぺらいブリキに近いものでつくられた。さらに、今度は前照灯は1灯、停止灯、尾灯、腕木式方向指示器はなし、後写鏡なし、燃料計なし、発動機室の底板なし、放熱器枠なし、前部緩衝装置なし、前輪制動装置なし、後輪は各1本と定

められ、のちにはスペアタイヤなしも当たり前のようになった。

内装も省略され、シートの座面は藁を詰めた座ぶとんのように薄く、背もたれは肩の少し下のあたりに薄い枕のようなものが取り付けられているだけ、ドアガラスの上げ下げはガラスの下の部分に取り付けられた布製のベルトを引き上げたり、ゆるめたりして行うという、"笑うに笑えない"方法に簡略化された。

使用される速度域からいって真っ暗闇のなかを走るにはヘッドライトは1灯で良しとする考えはテールランプもストップランプも不要という考えにつながった。フロントブレーキの省略もスピードが出ないから、リアブレーキだけで止まってもらおうということが前提だった。

つくるほうも、乗るほうも自嘲をこめて"一つ目小僧"と呼んだ究極の資源節約型トラックは敗戦の日まで細々と生産された。ともあれ、緊急措置決定事項でつくられた究極の資源節約型トラックから剥ぎ取られた鉄は、10台で3トンといわれたのであった。

一つ目のヘッドライトという"哀れな"姿となった戦時型トヨタKC型トラック。

大幅に改良が加えられたKB型トラックが登場したのは1942年のこと。デザインも大きく変わり、それまでの不具合をなくし、量産を考慮したトラックになった。

43

1-3. ディーゼルエンジン開発と第3の許可会社の誕生

●ディーゼルエンジンの国産化

　ガソリンエンジンに比較して熱効率に優れた軽油を燃料とするディーゼルエンジンは、トラックやバスには最適な内燃機関である。経済性に優れていることで、自動車用だけでなく、産業用や船舶用などに幅広く用いられている。

　しかし、ガソリンエンジンのように点火プラグで着火させるのとは異なり、ディーゼルエンジンは自然着火させるために高圧な燃料ポンプが必要であり、燃料の噴射ノズルを精巧にしなくてはならないなどの技術的な課題があって、自動車に用いられるのはガソリンエンジンよりもはるかに遅れていた。

　実用化されるようになったのは、ドイツのボッシュ社がディーゼルエンジン用の小型燃料噴射ポンプの開発に成功した1920年代の後半になってからのことであった。

　もちろん、自動車用以外ではヨーロッパの技術を導入して、それ以前からディーゼルエンジンが日本でもつくられていた。もっとも早いものは、三菱神戸造船所が自家発電用に4サイクル空気噴射式ディーゼルエンジンを1917年(大正6年)に製作、次いで同所で潜水艦用1200馬力エンジンが1920年(大正9年)につくられている。

　このころには鉄道車両用などで新潟鐵工所、産業用で池貝鉄工所がディーゼルエンジンの製作に乗り出し、川崎造船や三井造船が大型船舶用のディーゼルエンジンをつくるようになった。さらに昭和に入った1927年(昭和2年)には阪神内燃機、伊藤鉄工、赤坂鉄工、神戸製鋼、久保田鉄工などがディーゼルエンジンの開発を始めている。それらの多くはドイツのディーゼルエンジンメーカーであるMAN、B&Wなど、あるいはスイスのザウラー、イギリスのビッカーズと技術提携したものだった。

　自動車用では、1933年(昭和8年)に三菱で最初にディーゼルエンジンを発表、翌1934年には新潟鐵工所と池貝鉄工所がこれに続き、次の35年には日立製作所、神戸製鋼、36年にはいすゞ、37年には川崎車両、それに新興の日本デイゼルが名乗りを上げて、たちまちのうちにディーゼルエンジン自動車の競争が激烈を極めた。軍用車両だけでなく、バスや乗用車に搭載する計画があり、それぞれにディーゼルエンジンという新しい技術分野で優位に立とうと競い合った。

　陸軍が自動車用としてディーゼルエンジンの採用に熱心になり、多くのメーカーで開発されるようになるのは、1930年代半ばからのことである。

　陸軍は、一気に実用化を図るために、ディーゼルエンジンに関する技術を持っているメーカーを

トラック用に開発された東京自動車工業製の渦流室式直列4気筒4850cc75馬力エンジン。これは水冷式である。

44

巻き込んで、技術競争による開発をさせた。戦闘機などの競争試作をいくつかのメーカーに命じて開発させるのと同じ手法がとられ、技術進化を図ろうとした。

このころは、エンジンの形式も種々雑多であった。空冷と水冷、空気室式と予燃焼室式あるいは渦流室式などの燃焼室の形状による違いがあった。性能や信頼性などで、それぞれに一長一短があるように見えた。さらに、4サイクルエンジンとは別に2サイクルの特殊な機構のエンジンをドイツとの提携で実用化したメーカーもあった。

これらのメーカーは、陸軍がディーゼルエンジンを自動車用に一刻でも早く実用化させようと、競争試作を命じたために自動車の分野に進出することになって、ディーゼルエンジンブームといっていい状況になった。これをものにすることが、自動車メーカーになれるチャンスでもあった。

日本全体が軍需優先となるなかで、1939年(昭和14年)に陸軍が統制型という名目でひとつの種類に限ることになり、開発競争は一段落した。これにより、いすゞの前身である「東京自動車工業」で自動車用ディーゼルエンジンがつくられるようになって、ディーゼルエンジン搭載の軍用トラックはいすゞが独占的につくるようになる。

4サイクル水冷、予燃焼室式ディーゼルエンジンである。ちなみに、渦流室式も予燃焼室式も主燃焼室とは別にある副燃焼室で着火させて主燃焼室で燃え広がるタイプで、どちらも副室式である。これとは別に、直接燃焼室に燃料を噴射する直接噴射式もあるが、これは着火させるのに技術が必要で、一部を除いて4サイクルディーゼルでこのタイプのエンジンが実用化されるのは1960年代以降のことである。

陸軍はディーゼルエンジンの実用化の目処がつくと、東京自動車工業にディーゼルエンジン自動車を独占させることにしたので、そのほかのディーゼルエンジン車を試作していたメーカーは、自動車メーカーとして量産することはできなかったのである。普通車となるディーゼルエンジン搭載トラックも、自動車製造事業法の対象であったから、年間3000台以上生産するには許可会社になる必要があった。トヨタ自動車工業、日産自動車に次いで指名されたのは、東京自動車工業だった。したがって、他のメーカーはせいぜいが民間用トラックをわずかにつくることしかできなかった。以下に述べる三菱や池貝などのほかに、日立ディーゼルや新潟鐵工所、神戸製鋼所などである。

上はDA10型で主として戦車用、8550cc105馬力である。1939年につくられた。左は5トン積み牽引車などに用いられたDA6型、これは1936年に開発されたもので7980cc、90馬力。

東京自動車工業、ヂーゼル自動車工業

独占的にディーゼルトラックを生産

●ディーゼルエンジンの試作

かつての軍用保護自動車メーカー3社が合併してできたいすゞの前身である「東京自動車工業」は、ディーゼルエンジン開発にもっとも熱心だった。

そのきっかけは1933年(昭和8年)7月に「自動車工業」の社長に新しく就任した加納友之介が、ガソリンエンジンが主流になっているが、ディーゼルエンジンに関しては欧米でもまだ新しい技術なので、我々が実用化を進めれば彼らに追いつくことができるはずだと、その研究と開発を推進する方針を打ち出したからである。

翌年にディーゼル機関研究委員会を設置、エリート技術者たちが委員に選ばれた。メンバーのひとりで後にいすゞの社長になる荒牧寅雄が1936年(昭和11年)からヨーロッパに研究のために1年間派遣されている。冷却の方式では空冷式にするか水冷式にするか、燃焼室の形式ではどのタイプを選択するかも大きな問題だった。

委員会では、さまざまなタイプのエンジンを購入して検討、その間に陸軍からの戦車用エンジンの開発指令が来て、それに対応してエンジンを完成させた。

その後もさまざまなタイプのディーゼルエンジンをつくり、相次ぐ陸軍の要請に応えようと試行錯誤を重ねた。待ったなしの要請に応えることで、技術陣は寝る時間も惜しんで開発に関わった。

1938年(昭和13年)3月に陸軍自動車学校から、東京自動車工業はトラックと乗用車に搭載できるディーゼルエンジンをつくってほしいという要請を受けた。それまではいくつかのメーカーによる競作であったが、同社のそれまでのエンジンの良さが認められて、これは単独指名であった。同社の技術力が認められたのである。

このころには、水冷式で予燃焼室を持ったエンジンが信頼性の高いものだと、東京自動車工業の技術者たちは考えるようになっていた。

それに基づいて、エンジンの最高回転をガソリンエンジン並にしてリッターあたり

左がいすゞディーゼルエンジンの基礎を築いたDA40型エンジン。上は同じ直列6気筒であるが、排気量を大きくした大型トラック用として開発されたDA60型エンジン。

第1章 量産自動車メーカーの誕生と戦前のトラック

16馬力を目標に設計された。できあがったのがDA40型ディーゼルエンジンである。

試作の段階ではトラブルが出たが、不具合を解決したエンジンは、狙いどおりのものになっていた。直列6気筒で、ボア・ストロークが95×105mm、5100cc、85馬力/2500回転、完成したのは1939年(昭和14年)4月だった。

陸軍自動車学校では、池貝鉄工所の6輪トラック用エンジン、三菱エンジンなどと、このDA40型エンジンとを比較するために数次にわたる運行試験や寒冷地試験を実施した。その結果、DA40型エンジンを軍用トラック用統制エンジンと決定、軍用トラックに優先して採用することになったのである。

1941年(昭和16年)4月、東京自動車工業は自動車製造事業法に基づくディーゼル自動車専門の許可会社として認可された。つまり、軍用トラックの量産メーカーとしてのお墨付きをもらった。量産するには許可会社として認定されなくてはならなかったのである。このときに、他のメーカーでつくっていたディーゼルエンジンに関する技術は、すべて同社に集約するという軍部の指令がでた。

軍部が求める性能に達したエンジンが完成された以上、各メーカーが開発競争を継続することは意味がないと判断したからである。

東京自動車工業は、許可会社になった半年後に社名を「ヂーゼル自動車工業」に改めている。

このときに三菱重工業、日立製作所、池貝自動車、川崎車両は取締役を送り込むとともに、資本参加している。これは、それぞれの企業の意志というより陸軍の要請に応えざるを得なかったのである。これにより、他のメーカーは軍用のディーゼル自動車をつくることが不可能になった。戦時体制に入った結果である。

ヂーゼル自動車工業では、戦車用に空冷ディーゼルエンジンも開発し、これも統制型として採用されている。この空冷式DA10型エンジンは生産規模を拡大するために新しく建設された日野製作所でつくられることになったが、これが後の日野自動車のもとになる。1942年(昭和17年)から独立分離して日野重工業が設立されるが、日野でのトラックの生産は戦後のことになる。

自動車用ではDA40型をベースにしてさまざまな排気量のエンジンをつくっている。その多くはボア・ストロークを変えずに、気筒数を変えることで調整している。

ディーゼルエンジンに欠かせない燃料噴射ポンプは、三菱などでは独自に開発して

TX50型トラックのフレーム。
DA40型エンジンを搭載した1式6輪自動貨車。

47

いたが、ヂーゼル自動車工業では最初からドイツのボッシュ社との提携を目指した。結果として一番乗りで提携交渉をまとめることができたが、ボッシュ社の要望もあって、他のメーカーとの共同出資によるディーゼルエンジンの機器をつくる「ヂーゼル機器」を設立、安定したポンプが日本でつくられるようになった。

●ディーゼルエンジンのトラック

戦車や乗用車に搭載されてテストが繰り返されたが、完成したDA40型エンジンは1941年（昭和16年）に94式6輪自動貨車をベースにして改良を加えた1式6輪自動貨車に搭載された。

この転換には時間がかかるので、その前にTX40型トラックに搭載してTX50型トラックとして民間用にまずつくられた。バスにも搭載されて運行、ディーゼルエンジンの信頼性と経済性が実証された。

1941年（昭和16年）には、直列6気筒のDA40型を4気筒にしたDA70型もつくられ、軍用乗用車に搭載された。

さらに、この年に中国大陸で使用するための大型トラックの開発を命じられ、DA40型のボア・ストロークを大きくして110×150mm、8550ccで120馬力となったDA60型ディーゼルエンジンがつくられ、TB60型トラックに搭載された。

このエンジンを搭載した国産初の20トン積みの大型ダンプカーTH10型が1943年（昭和18年）に完成した。当時にあっては画期的なことであった。中国・海南島や朝鮮で鉄鉱石を運搬するために開発されたものであった。

ヂーゼル自動車工業は、戦争中のディーゼルトラックの生産を一手に引き受け、自動車以外のディーゼルエンジンの生産は分離した日野重工業で行われた。

1941年の川崎工場におけるTX60型トラックの生産現場。

1943年11月に完成した大型トラックTB60型。ステアリングは軽くするためにボールスクリュー式になっている。

1943年12月につくられた20トン積みの超大型ダンプトラック。ホイールベース4200mm、24インチというタイヤを装着した6輪のTH10型。全部で17台つくられた。

第1章 量産自動車メーカーの誕生と戦前のトラック

|日本デイゼル工業|

1935年に誕生した日産ディーゼルの前身

　1935年(昭和10年)12月に設立された「日本デイゼル工業」といってもなじみのない名前であるが、「鐘淵デイゼル工業」となり、戦後は「民生産業」と名乗り、自動車を中心にすることから「民生デイゼル工業」となり、その後「日産ディーゼル工業」となっているメーカーである。

　その創立からの活動をここで追いかけてみよう。

　戦時体制が強化されるにつれて、航空機や船舶、さらには自動車までディーゼルエンジンが動力として注目されてきていたことに目をつけたのが元陸軍航空中佐であった安達堅造である。三菱名古屋製作所長の松本辰三郎のバックアップを受けて、ディーゼルエンジン製造メーカーとしてスタートしたものである。

　安達はもともと航空機に関心があり、ドイツの航空機エンジンメーカーであるユンカース社の2サイクル対向ピストンのディーゼルエンジンに注目していた。

　やがて、このエンジンの製造権を取得して、大砲など兵器メーカーとして知られるクルップ社が軍用トラックをつくり始めた。ガソリンエンジン車に比較して燃費が良く、トルクもあると判断した安達は、この特許を取得することによって、このディーゼルエンジンの国産化を図ろうとしたのである。

　この特殊な機構を持ったディーゼルエンジンを国産化するのは時代の要請にかなったことと考えたようである。

　この特殊なディーゼルエンジンが、同社の大きな特色となった。シリンダーは非常に長くなっていて、その一つのシリンダーの中に二つのピストンが向かい合って作動

日本デイゼルでつくられた1号トラック。LD3型3.5トン積み、60馬力エンジンを搭載する。

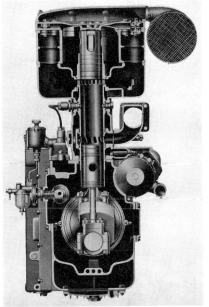

技術提携によりつくられたクルップ・ユンカース2サイクル対向ピストンエンジン。ユニークな機構のディーゼルエンジンであることが同社の特色となった。

49

する。バルブ機構のない2サイクルで、ピストンが中央に向かって動くことで掃気しながら圧縮する。一つのピストンが排気ポートを開くと、対向するピストンが吸気ポートを開くようになって掃気が促進され、強力な渦流の発生で燃料の霧化が進み、圧縮により空気は高温となり着火する。

航空用ユンカース・エンジンは上下のピストンを作動させるために両端にクランクシャフトがあり、それがギアで結ばれてパワーを取り出していたが、このクルップ・ユンカースエンジンは、上側ピストンは下にあるクランクシャフトの動力を利用していた。そのためにパワーロスがありエンジン回転を上げるにも限界があるものだった。ただし、ドイツでの実績による耐久信頼性、堅牢であることが満州などで使用するのに適していると安達は自信を持っていた。その後に他のメーカーで同様の機構のエンジンをつくっていないことから異色のエンジンであった。

1935年(昭和10年)12月に、日本デイゼル工業として創立され、本格的に準備に入った。軍人や有力者から資金を調達、ドイツとの提携交渉が煮詰まるとともに埼玉県川口市のはずれに2.1万坪の工場用地を取得した。1936年(昭和11年)11月に本契約が成立、翌年に入って早々にドイツから指導のための技師が来日した。

工場の建設、工作機械の購入とその据え置きなどもあって、国産エンジンが完成したのは1938年(昭和13年)11月のことだった。当初ND1型と称されたこの60馬力エンジンで、これをもとにしてクルップ社のトラックを参考にして翌1939年11月に待望のトラックの完成をみた。3000kmにわたる走行試験を実施、実用に耐えることが確認された。

しかし、予想以上にトラックの完成までに時間がかかったことで、経営としては苦しさが増すばかりだった。陸軍から砲弾の加工を請け負い、中島飛行機から空冷星形エンジン用のコンロッドの生産を引き受けたりしたが、赤字が累積し、トラックが完成した翌月の1939年(昭和14年)12月に安達は責任をとって辞任した。

しかし、陸軍などがバックアップの体制をとっていたので、再建のための資金導入の道が模索された。

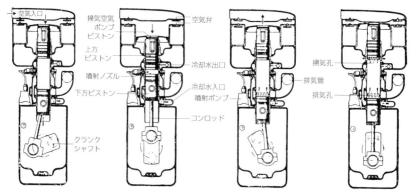

日本デイゼルの2サイクル対向ピストン型ディーゼルエンジンの作動図。左から圧縮行程、燃料噴射行程、燃焼行程、掃気行程を表す　まず上下のピストンは下死点から中央に向かって吸入空気を圧縮する。シリンダーの中央付近にある噴射ノズルから高温になったところで燃料を噴射すると着火する。燃焼による膨張で、ピストンはそれぞれに反対に動き、まず排気口が開き、排気を逃がす。その後に掃気口が開いて、ポンプによって圧力をかけられた吸気がシリンダー内に勢いよく入って排気を押し出す手助けをして、シリンダー内に吸気を満たす。燃焼室は直接噴射式である。

第1章 量産自動車メーカーの誕生と戦前のトラック

1940年(昭和15年)には、戦時色が濃くなって軽工業は不振になり重工業に重きが置かれる傾向を一段と強めた。鐘淵紡績が日本デイゼルに経営参加することにしたのも、繊維産業からの転換が必要と考えたからである。

この時代の花形は軍事産業であり、その意味で日本デイゼルは魅力的に見えた。1940年11月の臨時株主総会で、鐘淵紡績が経営権を取得して、技術担当副社長だった城戸季吉が日本デイゼル社長に就任した。

こうした経過があって、鐘紡の繊維工場もエンジン製造のために機械類が入れ替えられるなど、工場が拡張された。エンジンは2気筒のほか、3気筒90馬力と4気筒125馬力など、シリンダーを直列につなげて排気量を大きくしたものがつくられた。

1940年(昭和15年)には161基、翌41年には361基、42年には327基、43年には427基、44年には603基のエンジンがつくられた。

1942年(昭和17年)12月には日本デイゼル工業から「鐘淵デイゼル工業」に社名が変更されている。このころにはKD5型4気筒165馬力のエンジンもつくられるようになった。

トラックのほうは、2気筒エンジンと3気筒エンジンを搭載したものがつくられた。前者がLD3型、後者がTT9型で、前者が108台、後者が73台、計181台と生産台数は少なかった。その後は、ディーゼルトラックはいすゞに集約されたことで、生産されたエンジンの多くはブルドーザーや船舶の動力として用いられ、同社でもブルドーザーを製作した。

2気筒ND1型60馬力エンジンを搭載したLD3型トラック。は、後にTT6型と称された。

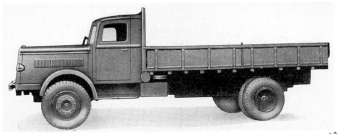

90馬力エンジン搭載のTT9型8トン積みトラック。全長7400mm、全幅2200mm、ホイールベース4350mm、車両重量5200kg、最高速55km/h。

4気筒ND3型エンジン。5400cc、圧縮比は17、125馬力/1500回転、エンジン重量900kg、遠心型調速機を装備。

ND2型90馬力エンジン、排気量は4100cc。NDは日本デイゼルの意味で、その後鐘淵デイゼルになって、KD型と称されるようになった。

51

三菱の自動車開発活動

ディーゼル車の開発に意欲を示す

　明治の初めから活動する三菱は、まず造船と製鉄という国家にとってもっとも重要視された工業部門で抜きんでた事業を展開した。国家にとって必要な事業を率先して行うことで事業は安定し、多くの優秀な人材を集めることができ、日本を代表する財閥グループとなった。日本の工業技術に関しても常に最先端をいっていて、三菱でできないことは、日本ができないことと同義であるほどだった。

　自動車に関しては、1917年(大正6年)にフィアットをモデルにして乗用車の開発を始めており、その活動はもっとも早い部類にはいる。東京石川島造船所で試作を開始したのと、時を同じくしている。このころはまだほとんどが輸入車で、将来を見越して新しい分野のひとつととらえて、事業として成立するかどうか試みたものである。

　しかしながら、輸入車に対抗するだけのクルマをつくることはむずかしく、石川島などよりも早めに見切りを付けている。1921年(大正10年)には曲がりなりにも自力開発した三菱A型乗用車は累計22台を生産したところで、自動車事業から撤退している。

　乗用車の開発と並行してトラックの試作が1918年(大正7年)に開始されているが、これは軍用自動車保護法が交付されて、陸軍からトラックをつくるように勧められたからである。陸軍で試作した図面をもとにいくつかのメーカーに製作を要請したものである。資材も軍部から提供され、三菱では4トン車と3トン車を各2台試作した。走行試験の結果、陸軍の試験に合格したものの、三菱では量産要請を辞退している。

　それでも三菱造船は、1919年(大正8年)に名古屋造船所をつくるに際し、潜水艦、飛行機、自動車、その他の重油機関及び軽油機関の製造を目的としており、名古屋で年間300台ほどの自動車ができる設備が整えられた。のちに分工場としてつくられ、やがて東京製作所となる工場に施設が移されて、トラックの製造はここが中心となる。

1920年に神戸造船所で完成した軍用トラック。この試作車でのテスト走行を前にした記念撮影。

1936年に陸軍に納入された94式6輪自動貨車。

第1章 量産自動車メーカーの誕生と戦前のトラック

300台の生産といってもそのうち200台は輸入されたシャシーにボディを架装するもので、量産とはほど遠い内容であった。

*

これとは別に三菱ふそう自動車がつくられるのは、神戸造船所内燃機関部においてである。三菱の航空機部門は三菱内燃機を経て三菱航空機となり、それと分離した造船部門は昭和初期からの不況対策として、新しい事業である自動車に取り組むことになった。最初は、鉄道路線の補助的な輸送としての省営バス用の車両をつくり、さらに荷物を運ぶことのできるトレーラーバスを開発した。これは28人乗りのキャブオーバー型バスの後軸中心付近に連結器をつけて6トン積みのトレーラーを牽引して走るものであった。しかし、ブレーキなどの問題が解決せずに使用された期間は短かった。

再び三菱のなかで自動車に関心を示すのは、開発を進めていたディーゼルエンジンを搭載したトラックをつくるように陸軍から要請されたからである。そのために試作を始めたが、軍部の兵器生産に関する要求は、中国での戦線拡大、さらに太平洋戦争に突入することでますます大きくなったため、ディーゼル自動車は東京自動車工業(後のいすゞ自動車)に集約されることになり、三菱からその技術が移管された。

陸軍省は、自動車に関しては三菱にあまり期待していなかったが、満州の関東軍はこれとは別に三菱にトラックの開発を要請、これを受けて三菱は1938年(昭和13年)にCT20型トラックを完成させた。このトラック用のエンジンは、水冷直列6気筒の予燃焼室式ディーゼルで8000cc、このエンジンが商工省により大型ディーゼルエンジンの標準仕様に認定された。しかしながら、軍事産業の統制が進んで、このエンジンもやがてヂーゼル自動車工業で生産されることになった。

また、三菱では民間用トラックとして開発した2トン積みTD35型を完成させている。これに搭載したエンジンは直列4気筒50馬力のガソリンエンジンだった。さらにこれを改良したYB40型トラックを試作したが、量産されることはなかった。このYB40型トラックが戦後の三菱重工業のトラック生産再開に際してベースとなったものである。

1935年につくられた予燃焼室式直列6気筒7270cc80馬力ディーゼルエンジン。

右は1938年三菱ディーゼルエンジン搭載のCT20型トラックシャシー。満州の関東軍の要請でつくられ、大量に輸出する計画だったが、陸軍がディーゼルトラックを東京自動車工業に集中することになり、計画だけで終わった。左の写真は1938年に自動車雑誌に掲載された三菱670型エンジンの広告頁。

53

池貝自動車製造その他
自動車メーカーとしての活動とその挫折

　戦後まで活動したディーゼルエンジンを搭載する自動車メーカーに池貝鉄工所の子会社である池貝自動車製造があった。

　そもそも池貝鉄工所は、ディーゼルエンジンの日本における権威だった東京工業大学の浅川権八教授を顧問に迎えた1910年（明治43年）からディーゼルエンジンの開発を始めており、その歴史は古い。漁船用エンジンの製造を始めたが、今でいう産学協同による事業だった。

　1933年（昭和8年）池貝鉄工所発動機部で設計した水冷4気筒小型ディーゼルエンジンを自動車に載せてテストしたのは、ディーゼルエンジンが自動車用として注目を浴びるようになったからである。

　中古のアメリカのピアスアロー製トラックシャシーに開発したエンジンを搭載したもので、その結果が良好であったことから製造に乗り出すことになった。このため、船舶用とは別にボア・ストローク105×120mmの自動車用直列4気筒と直列6気筒エンジンを新設計した。

　既存のクルマに載せてエンジンテストを敢行し、1935年（昭和10年）にはトランスミッションやデフを自製し、シャシーはアメリカから取り寄せて6輪トラックをつくり上げた。

　このエンジンは4HSD10型と呼ばれ、60馬力/2000回転の直列4気筒だった。これをもとに自動車を商品化するために、1936年（昭和

池貝E62型直列6気筒ディーゼルエンジン。115馬力を発生、戦後まで使用された水冷予燃焼室式である。

池貝DT15型トラック用シャシー。ホイールベースは4000mmであるが、これより長いシャシーも用意され3種類あった。

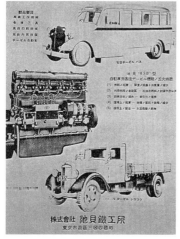

11年)に池貝自動車製造が独立して、神奈川県川崎市に工場が新しくつくられた。

その直後に製造されたディーゼルトラック10台が陸軍兵器本廠に納入されたというから、それだけ、池貝製のディーゼルエンジン技術に対する期待が大きかったということであろう。

この94式6輪自動貨車と呼ばれたトラックは、初めのうちはシャシーを陸軍から支給されてボディを架装していたが、やがて自社ですべてつくるようになり、計500台近くつくったといわれている。

これとは別に空冷のディーゼルエンジンも製造し、軽戦車に搭載し、テストをくり返した。従来はガソリンエンジンを搭載していた戦車に、陸軍はディーゼルエンジンに換装しようと試作を命じた。このエンジンを搭載した戦車を製作して陸軍に納入している。また、空冷6気筒200馬力の高射砲牽引車に搭載するディーゼルエンジンを開発して製造した。

池貝製のディーゼルエンジンは一貫して渦流室式であったが、いすゞ製の予燃焼室式エンジンが統制式として認定されたこと

により、1940年代になると、池貝でもこのタイプのエンジンをつくるようになった。

その後は、自動車に関してはいすゞの前身であるヂーゼル自動車工業が中心となったので、池貝自動車製造は特装車や戦車などに搭載されるディーゼルエンジンの生産が中心になり、自動車はほとんどつくられなくなった。

戦後になって、池貝自動車製造では6気筒にしたディーゼルエンジン10850ccをもとに、最高出力は115馬力/1800回転、ボア・ストロークは120×160mmの戦時につくったエンジンが残っていたので、このエンジンを搭載したトラックをつくって販売を始めた。しかし、あまり販売は伸びずに1952年(昭和27年)に活動を休止し、小松製作所に吸収合併されて姿を消した。

同様にディーゼルエンジンの開発では実績を示し、トラックやバスをつくったのが日立製作所と新潟鐵工所である。日立では軍用トラックを数種類つくったほか、民間にも販売することになり、宣伝して大いに意欲を示した。

一方の新潟鐵工所は、試作の段階では自動車メーカーになる意欲を見せたものの、実際には設備をととのえるのは大変で、鉄道車両用などのエンジンメーカーとしての道を歩むことにして、自動車部門への参入を見合わせている。

日立ディーゼルFE-30T型トラックとそのシャシー。このほかに2トン積みや6輪自動貨車もつくられた。

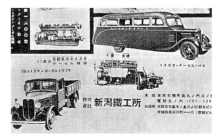

新潟鐵工所のパンフレット。67馬力のディーゼルエンジンを開発したのにともない、トラックとバスが試作された。

● 代替燃料車の走行

　ディーゼルエンジンに注目したのは、軽油のほかにさまざまな燃料を使用しても走行が可能であることも大きな要因だった。試験的なものも含めて使用された燃料は、重油、頁岩油軽油、石炭タール中油、大豆油、鰯油、アルコール、さらには木炭や薪などだった。

　石炭からとられた成分を液化した燃料は、軽油と混合すれば使用可能であった。大豆油の場合は、燃やすと天ぷらを揚げたときのような臭いがするが、そのままで使用可能、しかし、長期間の使用では噴射装置に問題が起こるものであった。鰯からとった油は加熱して30℃にして使用しなくてはならず、軽油との混合で使用可能であったという。

　実際にかなり使用されたのが木炭と薪である。主として燃料の配給のない民間で使用された。というより、これを使用しないかぎり、クルマを走らせることができないのが実情であった。

　これらはガス発生炉を装備して、発生したガスを燃焼室に送り込むものだが、出力の低下が見られたものの、それ以外は問題なく使用できている。出力の低下により、坂の上りではギアを低くしても途中で止まらざるを得ないこともあった。

　これらの代替燃料によるガス発生炉を装備した自動車は、戦時中だけでなく、戦後の石油不足が続いた1950年ごろまで走る姿が見られた。

荷台の前方左側に設けられているのが薪炭などを焚くための釜。ここで燃焼させて、そのガスをエンジンに送り込む。1939年には民間ではガソリンなどが入手困難になったために、多くのトラックやバスに装着された。左はいすゞTX40型トラック。上はフォードトラックで、戦時中から戦後にかけて活躍したものである。

第2章
戦後の混乱からの脱出（1945～59年）

敗戦によって、自動車メーカーは軍用から民需に転換せざるを得なく
なった。それまでのように陸軍から材料を支給されて生産し、軍におさ
めるやり方とすっかり異なる経営にならざるを得なかった。しかも、戦後
の混乱の中で、在庫していた自動車用の材料を使って生活用品などをつ
くって、とりあえずの糊口をしのごうとしている。そんななかでも、持って
いる技術を生かすにはトラックの生産以外にない、と考えたところが自
動車メーカーとしての活動を始めている。

ここでは、トヨタと日産も含めてトラック生産で戦後をスタートしたメー
カ　についてみることにするが、1950年の朝鮮戦争による特需以前の
悪戦苦闘と、その後の息を吹き返して成長する時代になっての活動を主
としてみていく。ただし、1960年以前のトラックでも、その後の時代の
先駆けになったキャブオーバータイプのトラックなどについては次章に
譲ることにする。

民需用としてのトラックの生産

● 1946年にトラック生産が認められる

　主要な自動車メーカーの戦後の出発は、トラックの生産から始まった。

　日本の無条件降伏が国民に伝えられた1945年(昭和20年)の8月15日までの7ヵ月半の間に生産されたトラックの総数は6,726台と、前年までより大きく落ち込んだ。物資の不足だけでなく、戦争の終盤では地上戦の様相を呈しなくなり、陸軍がトラックの輸送に重点を置かなくなったことも原因の一つだった。軍部は、トラックよりも飛行機の生産を重視したから、トヨタや日産にも航空機用エンジンをつくらせるようにしたのである。トラックの生産台数が最も多かったのは1941年(昭和16年)のおよそ45,000台だった。戦争が終わったとき、日本は多くの人命を失い、度重なる空襲で都市の多くは壊滅して国土は荒廃しきっていた。

　進駐してきた連合国最高司令官総司令部(GHQ)は、ただちに武器の生産を禁止したが、自動車もそのなかに含まれていた。空襲で交通機関は寸断され、鉄道も、機関車や電車の被害が大きく、そうでなくても石炭と電力の不足で、大量輸送の役を果たすのは絶望的な状況にあった。庶民が手近で頼るのは自転車だったが、その自転車でさえ容易に手に入らない状態だった。

　輸送機関としての自動車は頼りにされたが、これも空襲で焼失したものが多く、残っているものも戦時中の酷使から稼働可能な台数は少なかった。修理したくても部品の入手がままならず、燃料の調達も困難で、多くが代燃に改造されていた。

　自動車メーカーのなかには疎開のために工場の施設が機能しないところがあり、爆撃で被害を受けたところもあり、さらに進駐軍による接収で工場の一部を失うところもあって、自動車の生産を再開するのに少なからず障害が存在した。しかし、もっとも不安だったのは、従来のようにトラックなどの生産を続けることができるかどうかだった。

　多くの自動車メーカーは、残された材料を使用して鍋や釜など、すぐに生活に必要なものをつくったりして収入の道を探らざるを得なかった。

　そのあいだに、トラックの生産を開始するためにGHQと掛け合って、民需転換の許可を受ける努力が続けられた。物資の輸送のためのトラックの供給は生活を安定さ

戦後の復興のために活躍するいすゞトラック。

第2章 戦後の混乱からの脱出(1945～59年)

せるために緊急なもののひとつであり、トラックの生産が1945年11月から1946年初めにかけて、各メーカーごとに許された。

一部の原材料はストックがあったものの、不足するものが多く、電力の供給もとぎれることがあり、クルマの生産に欠かせない鉄鋼も自動車のほうになかなかまわってこなかった。製鉄に必要な石炭が不足していたからで、その原因の一つが炭坑から運べないことだった。鉄道の駅まで運ぶ輸送機関の手配ができないまま、炭坑には掘られた石炭が山積みされていた。自動車

日産の戦後はトラックの生産から始められ、その活動ぶりがいろいろな場面で紹介された。

メーカーのなかにはトラックを仕立てて炭坑にいき、鉄鋼メーカーまで運ぶことで、ボディ外板などのための鉄板を優先的にまわしてもらうように交渉したりするところもあった。

工作機械なども、戦時中の増産指令に応えようと古いものを酷使したために、老朽化が進んでいた。しかし、だましだまし使用するよりほかなかった。

ようやくのことで完成したトラックも、肝心のタイヤが供給されないために、四輪にウマを履かせてストックさせて置かざるを得なかった。戦後しばらくは、多くのメーカーでこうして並べられたトラックがタイヤのくるのを待つ光景が見られた。

戦後すぐのトラックは、どのメーカーのものも戦時中につくられたのと同じ仕様のものから出発した。ただし、戦争末期には、いずれも資源の不足から哀れな状態になっていたが、民間用トラックになることで、少しでもましなトラックにしようとする努力が続けられた。

世の中はまだ混沌と窮乏のなかにあった。統制により組織された日本自動車配給は、終戦1年ほどした1946年(昭和21年)7月に解散、さらに自動車製造事業法も1月に廃止されたことから、各メーカーは自力で販売店の確保と再編成を急ぐことになるが、物価の上昇とインフレは国民を直撃していた。そうした生活に追われる日々を過ごす中で、少しずつ復興し、トラックの生産も増えていった。

●不況による経営悪化と朝鮮特需による活況

順調に回復するかと思われたが、戦後4年目にして深刻な不況が訪れた。1949年(昭和24年)2月に来日した経済特使のデトロイト銀行頭取ジョセフ・ドッジは「日本の経済は両足を地面に着けずに竹馬に乗っているようなものだ。片方の足はアメリカ合衆国の経済援助、もう片方の足は国内的な補助金機構だが、竹馬の足をあまり高くすると転んで首の骨を折る心配がある」と批判したうえで「企業に補助金を出し続けていては極東の強

59

固な工場の役を果たすことはできない」と述べて経済の自立化を提唱した。

この提案に基づいて編成された昭和24年度の国家予算は、インフレを抑制するために政府支出を収入に均衡させて債務の減少を図る緊縮予算を組んだことから、日本の経済はデフレに追い込まれて深刻な不況が到来した。

その結果、中小企業の倒産、失業者の増加、労働争議の激化などが続発して社会不安も増大した。

生産がようやく緒についた自動車産業にも大きく影響して、売れ行きの不振、売掛金の増加などにより経営に深刻な打撃を与えた。

各メーカーが不況に喘いでいた1950年（昭和25年）6月に勃発した朝鮮動乱は、沈滞していた日本経済の暗雲を一掃することになった。

大韓民国と朝鮮民主主義人民共和国の境界線の北緯38度線で始まった戦闘は、北朝鮮軍が圧倒的な勢いで南進し、わずか3日後に韓国の首都・ソウルを占領した。1年前に中華人民共和国が成立して中国大陸での足場を失ったアメリカにとって、韓国はきわめて重要だった。7月7日に国連安全保障理事会はアメリカが国連軍を指揮することを承認し、マッカーサー元帥が国連軍の最高司令官に任命され、国連軍による反撃が本格化した。

国内にある米軍基地の増強も急ピッチで進められた7月に、マッカーサー元帥は吉田茂首相宛に日本国内の警察力と海上警備力の強化拡充の目的で、国家警察予備隊の新設と海上保安庁の保安官8,000人の増員を許可する指令を伝えた。新設される警察予備隊は政府直属とされ、最初のころの隊員は、朝鮮に出動して空きができた米軍キャンプでアメリカ軍人から訓練を受けた。

動乱が勃発したあとの8月25日に、GHQは横浜に在日兵站司令部を設置、莫大な軍需物資の買い付けは、この兵站司令部と在日米軍調達部によって行われ、綿布、毛布、麻袋などから鋼材、鉄線といった戦場で直接必要なものから、トラックまでが買い付けの対象になった。これによって繊維業界は糸へん景気、金属関係は金へん景気と呼ばれる活況を迎えることになった。

朝鮮動乱による特需は国内の滞貨を一掃し、日本の経済を一気に立ち直らせたが、収益が増えた特需関連産業が、投資活動を活発にしたことがきっかけで、特需の恩恵は広範囲にわたり、日本の経済は停滞から抜けだした。

朝鮮での戦争で輸送に使用するトラックなどは、アメリカから取り寄せるのではなく、日本のメーカーに発注した。それぞれに在庫をかかえて苦しい経営をしていた日本の自動車メーカーは、この特需によって、一気に活気づいた。ドル建てからの換算では

1950年国産各社の主要トラック諸元

	全 長	全 幅	ホイールベース	積載量	車両総重量	エンジン
いすゞトラックTX61型	6.960mm	2,190mm	4,000mm	5,000kg	8,615kg	DA45型・90PS
ふそうトラックT31型	7,945mm	2,400mm	4,500mm	7,500kg	13,090kg	DB5A型・130PS
日野トラックTH11U型	8,160mm	2,360mm	4,800mm	7,500kg	12,315kg	DS11型・110PS
民生トラックTN93型	7,775mm	2,390mm	4,600mm	7,500kg	12,410kg	KD3型・90PS
トヨタトラックBX型	6,621mm	2,190mm	4,000mm	4,000kg	7,135kg	B型・85PS
ニッサントラック180型	6,395mm	2,264mm	4,000mm	4,000kg	7,220kg	NA85型・85PS

価格的に有利で、支払いも国内販売に比較すれば現金で買い上げてくれるようなものだった。朝鮮特需により不況を脱し、日本経済が上向いてトラックの需要は伸びていくことになる。

●朝鮮特需を契機に新モデルが次々登場

戦前からの仕様のトラックの改良などを進めてきた自動車メーカーは、ようやく進んだ機構を採用した新しいモデルを登場させる下地がつくられたのである。

1950年(昭和25年)までの終戦からの5年間は、戦争中のトラックを改造して、生産を軌道に乗せる努力を続けていた時期だったが、この朝鮮戦争による特需を契機として、トラック業界も新しい段階に入ったのである。

新しい需要が起こり、それに応える仕様のトラックが求められるようになった新しいモデルが登場するようになるとともに、石油の供給も次第に安定するようになり、トラックにふさわしいディーゼルエンジンが動力の主力となっていく。

各メーカーによって、戦後の活動再開に時間的な差があったが、1950年を契機としてトラックメーカーによる競争が意識される時代となる。それまでは、他のメーカーの動向を見るより、自分のところが生き残ることが最重要課題だったのである。

1950年代は、自動車でいえば、日本はトラックの時代である。零細企業向けのオート三輪まで含めれば、圧倒的にトラックの生産が多く、国産乗用車の生産はごくわずかで、トヨタや日産でも主力はトラックであった。生産台数で乗用車が全体の過半数を占めるようになるのは、1960年代後半になってからのことである。

それでも、1950年代になってからは乗用車をつくらないのは自動車メーカーではないというムードが高まり、トヨタや日産はいうにおよばず、いすゞや日野、三菱も乗用車の生産に力を入れるようになる。

しかし、少量多種生産が前提の普通車以上のトラックと、大量生産を前提とする乗用車とでは設計から生産設備にいたるまで、基本的なところで違いがあった。その点でいえば、最初から大量生産することを目指して創立されたメーカーであるトヨタと日産に、乗用車に関しては一日の長があったことは否めなかった。

1954年には第1回全日本自動車ショウが東京・日比谷公園で開催され、大いに人気となった。

日産自動車

当面の稼ぎ頭はトラックだった

●戦後の混乱の中での180型トラック

　主力工場が京浜地区に集中していた日産の被害は甚大だった。溶銑、鍛延、圧延など鋼鉄や鋼板、炭素鋼や特殊鋼のほとんどを生産していた鶴見工場はほぼ壊滅、横浜から東京・日本橋の白木屋に移った本社は1945年(昭和20年)3月10日の東京大空襲で全焼、書類のほとんども焼失した。

　この年の5月には軍需大臣命令でエンジン関係の機械設備の疎開が始まって栃木県烏山に建設中の地下工場に機械設備を運ぶことになったが、烏山に着いたものの貨車から降ろす間もないうちに終戦になった。

　日産は1943年(昭和18年)から軍用練習機用エンジンと、その部品の製造を開始、静岡県吉原の東京人絹の工場を買収して、ここでも生産を開始したが、翌年の2月には早くも原料の供給が不可能になり、操業もできなくなるような状態だった。終戦までに吉原工場でつくられた航空機用エンジンの総数は2,000基といわれているが、横浜から疎開した厚木工場でも生産したほか、陸軍航空本部の要請で横浜工場でも生産した。

　月産1,500台に限ってトラックの生産が許可されたのは敗戦後3ヵ月がたった11月だが、日産の戦後第一号車もトヨタと同じように木製キャビンの戦時型で、当時の写真で見ると、まだ"一つ目小僧"だったことからも困窮の度合いが窺える。

　この180N型トラックの戦後の第一号車が完成したのは、この年の11月15日で、このあと戦時中に剥ぎ取られた部品を取り戻しながら1946年(昭和21年)9月まで生産されたが、そのころになると窮乏のなかから生れた機能美といったようなものさえ感じたものだった。

　新生180型トラックは、1946年(昭和21年)9月まで生産された180N型のあとで戦前の180型の金型を使ってつくられたが、その初期には木製キャビンが使われたのもトヨタと同じだった。エンジンは"A型エンジン"の各部に手を加えたもので、燃料計と水温計が

戦後の日産はまず180型トラックから始まった。ダンプなどの特装車もつくられた。

日産では、輸出にも力をいれた。エンジンを搭載したシャシーが船積みされ、東南アジアなどで活躍した。

第2章 戦後の混乱からの脱出（1945〜59年）

復活するなど少しずつ戦前モデルに戻りつつあったが、それでも初期モデルにはリアフェンダーが付いていないものがあった。

新生180型トラックは1951年(昭和26年)まで生産された。

1941年(昭和16年)以来、10年間も親しまれてきた180型の後期モデルはクロームメッキの飾りを付けるなどしてきた。それはモデルチェンジを間近にした場合に使われる手法だったが、不景気のなかで売れず、在庫が増える一方だった。

それを救ったのは、1950年(昭和25年)に勃発した朝鮮戦争だった。このときの特需で日産も4,325台を受注、これで180型トラックの在庫は一掃された。米軍に納入された180型トラックは内地で兵站輸送のための使用が主だったが、一部は朝鮮半島の後方基地でも使われた。

●過渡期の380型トラック

180型の後継車になる380型トラックは、1952年(昭和27年)に発表された。これはフルモデルチェンジではなく"マイナーチェンジ"で、スタイリングの変更はスカットルから前の部分にとどまった。外観上の特徴は後ヒンジで大きく開くボンネットと左右のフェンダーを結んで、その前に開いた大きい開口部とグリル、それにボンネット先端のグリルだろう。バンパーとボディの間は

エプロンと呼ばれるパネルでカバーされているが、鰐が口を開けたように大きく開くボンネットを開けてエンジンや補機類の点検や整備を行うときは、このエプロンの上に乗って作業ができるように取り付けられた実用的なものであった。

"とかく整備性が悪い"と言われていた日産は、このエプロンをはじめ、各部分のパネルを脱着しやすいようにして整備性の向上を図った。エンジンの位置は180型よりも前に変更され、これにともなってリーフスプリングの長さは100mm延長された。

この改良によって乗り心地は改善されたが、ホイールベースは180型と同じ長さのまま、荷台の寸法も標準型の１３尺５寸(4,090mm)だったが、荷台の幅を拡げて積載面積を8％広くして4トン積みにするなど、

山間部で活躍する日産380型トラック。

1952年にマイナーチェンジされて３８０型となった。スタイル上ではフロントグリルが大きく変わり、スマートな印象になった。

63

実質本位の改善が行われた。

●改良を加えられた480、580型トラック

1953年(昭和28年)に発売された480型トラックは前年に発売された380型の正常進化型で、キープコンセプト・モデルである。野球で言えば380型はショートリリーフ、480型はセットアッパーに例えると理解しやすいだろうか。

長い間使い続けられて実績のあるSV型"NA型、85馬力エンジン"は燃焼室の形状を変更、吸排気系統に改良が加えられるとともにキャブレターも換装され、出力が95馬力にアップしたNB型エンジンとなった。

積載量は荷台の幅を60mm拡げて500kg増の4.5トン積みに増えた。フレームも強化され、サイズアップしたタイヤを履くことになった。

外観上はフロントグリルのバーが3本、ボンネット前端のグリルのバーが太くなって1本少なくなったことくらいの変更にとどまった。

日産もディーゼルエンジン搭載のモデルを揃えたが、1954年(昭和29年)のディーゼル・トラックにはハイドロリック・ブレーキが標準装備され、ガソリンエンジン車にはオプションで用意されることになった。1955年(昭和30年)になるとボアを3.2mm拡げて3,956cc、105馬力にパワーアップした"NC型エンジン"を搭載した482型トラックが登場する。このエンジンは吸排気系統と燃焼室が燃費向上を目的に再検討された。

480型と482型は1953年から1956年(昭和31年)までの3年間生産され、ガソリンエンジンのトラックとしてトヨタのガソリン車と人気を二分したが、経済性重視のディーゼル車も順調に推移した。

1956年(昭和31年)にマイナーチェンジを受けて580型に、さらに翌年は改良された581型になり、1958年(昭和32年)にはガソリン車とディーゼル車に2速から上をシンクロ付きとしたモデルを発売。ガソリン車は4速、ディーゼル車は5速の582型で、ホイールベースは4mと3.2mの2種類であった。

●真打ち、680型トラックの登場

新しいトラックの企画は1955年(昭和30年)から始まり、1958年に設計の方針が決定した。運転室を広くして居住性を改善、エンジンルームも広くして整備性を高める、それにともなって時代の流れに合った斬新なデザインのトラックとするなどが確認さ

580型トラックの室内。当時はベンチシートが普通だった。

日産480型トラックがマイナーチェンジされて580型となった。

第2章 戦後の混乱からの脱出（1945～59年）

れ、エンジンは大幅に改良されてOHVエンジンが使われることが決定した。

このエンジンは1959年（昭和34年）1月に試作が完成、2月までに完成した70台のエンジンは、あらゆるテストを繰り返したあと、3月から生産に入り、併行してつくられた新しいボディを載せて5月から発売された。

"トラックの世界に新しい風を吹き込む"というキャッチフレーズのとおり、680型トラックはエンジンからスタイルまで一新した。注目されたP型エンジンはSV型からOHV型に代わったものである。ボア・ストロークは85.7×114.3mm、排気量3,950cc、出力は105馬力から125馬力に大きく向上、トルクも1,600回転で29.0キロになってライバルのトヨタFA型を上回った。

国産トラック初の縦4灯のヘッドライトから直線基調の力強さを感じさせるスタイルに変貌、フェンダーがフラッシュサイドになって幅の広さを感じさせ、トヨタFA型が丸さを基調にしているのに対して直線基調の男性的なものと好対照を見せた。

開発プロジェクトで最初から採り上げられた居住性の向上は、フラッシュサイド化で幅が広くなった車室で実現した。それに加えて、これも国産のトラックで初めてのパノラマウィンドが特徴的だった。

パノラマウィンドはアメリカの乗用車から始まって世界中に流行、日産はこの流行をトラックに採り入れたのである。通常のAピラーより後方に、ほぼ垂直に立つAピラーの前で大きくカーブするフロントウィンドは、それまでAピラーに妨げられて見えなかった部分の視野を拡げた。

安全性につながる視野の拡大とともに、それまでの6ボルトから12ボルトになった電装の縦4灯のヘッドライトは、これまでの2灯式の倍の明るさで運転者を安心させ、ボンネット先端部のダクトから入った空気はボンネット裏の大きなダクトを通ってエンジンルームとキャビンに送り込まれて強力に換気した。

680型トラックは標準型の5トン積みのほかに6トン積みも用意され、6トン積みは5速、5トン積みには4速の、いずれも2速からシンクロ付きのミッションが標準とされた。

トラックといえども快適さと美しさを備えていなければ受け入れられない新時代の幕開けでもあり、680型トラックが"傑作"と言われたのも時代のニーズに応えたからに他ならないのであった。

しかし、世の中が豊かになるにつれて、乗用車の需要が大きくなり、日産も主力をダットサンのほうにシフトしていく。傘下におさめた日産ディーゼルがトラック・バス中心になって、小型トラックなど一部を除いて普通車クラスのトラック生産はこちらに移っていった。

1959年に登場した日産C80型は時代を反映してスタイリッシュになった。フロントはパノラマウィンドになっているが、ガラスは2枚製である。

トヨタ自動車工業

戦後の主力となった普通トラック

●戦後の窮状のなかで

　トヨタ自動車工業の生産再開も早かった。主力の挙母工場をはじめ各工場とも空襲による被害が軽微だったことが幸いした。さらに敗戦と同時に生産途中でストップしたままのKC型トラックが残っていたこと、備蓄していた資材が数千台分あったことなどが他社よりも早い生産再開に役立った。

　KC型トラックは、一つ目小僧と呼ばれていた単灯のヘッドライトもふたつになり、テールランプ、ストップランプ、省略されていた計器類やフロントブレーキも復活した。

　生産を再開しても、完成したもののタイヤがないためにジャッキアップしてウマを履かせたままのKC型トラックが工場に並ぶ事態になった。

　深刻なタイヤ不足を解消するためにヤマと呼ばれているトレッド面が摩耗してツルツルになっていることから坊主と呼ばれている古タイヤが集められ、新しくつくったトレッドの部分を摩耗したトレッドに貼り付けた再生タイヤがつくられ、供給された。この再生タイヤは山かけタイヤと呼ばれて、この時期から数年にわたって広く使われたあとも町工場的なタイヤショップで新品の半値くらいで販売されて庶民を助けた。

　すぐにB型ガソリンエンジンの改良が始まった。改良は吸排気系に若干の手を加える程度だったが、出力は75馬力から80馬力に向上、このエンジンを搭載したBM型トラックの生産準備が始まった。ボディは戦前型のKB型トラックの金型を使って復刻することにしたが、ごく初期にはKC型トラックのためにつくられた木製キャビンの余剰品が使われたものもあった。

　1,600回転で21.6キロのトルクを発生、まずまずの性能だったが、4トンの積載量を守る使用者は皆無で、2トン以上の過積載は当たり前のこととして使われたため、フレームや足回り、駆動系が音を上げるトラブルが少なからず発生した。

●BX型トラックの登場

　豊田喜一郎がトヨタ初のG1型トラックに乗用車的な感覚のデザインを取り入れたことは前述したが、労働争議で大揺れに揺れていた1949年(昭和24年)に開発を始めた次期モデルのトラックでは、"将来の自動車のス

1947年5月、創業以来生産累計10万台目となるBM型トラックの完成を祝う式典。

戦後のトヨタの最初のモデルであるBM型トラック。全長6252mm、ホイールベース4000mm、積載量4000kg、車両重量2681kgであった。

第2章 戦後の混乱からの脱出(1945〜59年)

タイリングに大きな影響を及ぼす"ことを予測して再び乗用車の感覚を採り入れることにした。

それは1949年(昭和24年)に発売されると同時に爆発的な人気を獲得したフォードの"フラッシュサイド・スタイル"の採用だった。

乗用車のスタイリングは、長いあいだ前後左右に独立したフェンダーを持つものという固定した考えから成り立っていたが、フラッシュサイドとは読んでのとおり側面が平らということで、左右のフェンダーをなくしたものだった。その結果、サイドボディは完全にフラットになり、それまでにない新鮮な印象を見る人に与えることに成功したのであった。

これにより、日本の乗用車もフラッシュサイド・スタイルのボディをつくり上げたが、小型車の寸法の枠のなかでは寸詰まりの感は否めなかった。

それに比べるとトラックは、マスが大きいだけデザインの自由度は高かった。しかし、下手をすればゴテゴテと品のないものになりかねず、また威圧感を持つのも好ましいことではない。

1951年(昭和26年)8月に発表されたBX型トラックのデザインは、トラックといえば"ゴツイ"というイメージを一新させるという首脳陣の考えに充分に応えるものだった。基本は丸みだった。豊かな曲面が多用されたことでゴツイ感じはなくなり、車体の幅

いっぱいと言っていいほど広く採られたフロント開口部のなかにグリルとヘッドライトを収め、その下の細長い開口部の両端にスモールランプ(車幅灯)兼用のウインカーをビルトインすることで幅の広さ=安定感とボンネットまでの高さを視覚的に感じさせないデザインは、乗用車的だった。

フラッシュサイドの大きな利点はキャビンの幅が広く取れることで、BX型トラックでは3人が無理なく座ることができた。トヨタは運転者と乗員の疲労を軽減するためにシートの形状と構造、材質の再検討を行うと同時に、メーターも視認性の良いデザインに一新するとともに、見やすい位置に集中してレイアウトするなど、室内の快適さを追求した。

発表されたBX型トラックの評判は上々だった。無骨なトラックのイメージを変えた結果であったが、大型プレスの一新など莫大な出費が必要なフルモデルチェンジは、インフレのなかで経営不振のトヨタの浮沈を賭けるものだった。

1949年(昭和24年)に起こった大不況でトヨタは倒産寸前のところまで追い込まれ、労働争議の末に豊田喜一郎社長、隈部一雄副社長が責任をとって辞任した。しかし、その直後の朝鮮戦争の勃発による大量の特需がトヨタを救う追い風になり、BX型トラックの生産を強力に推進したのであった。

さらに新しく発足した警察予備隊用の車

スマートによとめられたトヨタBX型トラック。1951年に登場。BM型がモデルチェンジされたトラックで、このときには5トン積みになっていた。

両を引き続き受注した。1950年(昭和25年)6月まで続いていたトヨタの赤字が一気に黒字に転じたのだった。

● エンジン改良によるFA型の登場

トヨタの屋台骨を支えてきたB型エンジンは1951年(昭和26年)に"F型エンジン"に進化した。ボアは84.1mmから90.0mmになり、排気量は3,386ccから3,878ccに、出力は85馬力から95馬力に、最大トルクはB型エンジンと同じ1,600回転で22.0キロから24.0キロに向上した。このエンジンを搭載したF型トラックは1951年(昭和26年)に発売。デザインはBX型トラックのコンセプトを引き継いだものだった。

BX型トラックの好評も受け継いだF型トラックは、1954年(昭和29年)に10馬力アップの105馬力になったエンジンを搭載したFA型トラックとなり、スタイルなどが一新された。このFA型トラックは4.5トン積みが標準で、ほかに5トン積みのFA5型トラックが用意されたが、売れ筋の主力はFA5型であった。

このFA5型トラックに搭載されたF型エンジンは、燃焼室や吸排気系の改良で、95馬力から3,600回転で130馬力へ、最大トルクも2,200回転で30.0キロと飛躍的にパワーを増していた。

さらにFA5型トラックは、国産のトラック初の2速から4速がシンクロ付きのミッションが標準で装備され、インパネのボタンひとつで後車軸の減速比をローとハイの2段に切り替えることができる2スピード・リアアクスルがオプションで用意された。

国産のトラックで初めてのシンクロ付きミッションは日常的にトラックを運転する人たちの左足をシフトするたびのダブルクラッチから解放、これは左足の疲労を著しく軽減するものとして歓迎された。また、オプションの2スピード・リアアクスルを装備すれば通常の4速が8速に使えることになり、積み荷や道路の状態に合わせて最適のギアを選ぶことができるため燃費の節減が

さらに新しくなったFA型トラックの室内。室内は乗用車感覚のデザインが取り入れられていた。

1960年に登場したFA型トラック。フロントウィンドウが1枚のカーブドガラスになり、新時代を象徴するスタイルとなった。全長7105mm、ホイールベース4200mmで、5トン車と6トン車があった。

第2章 戦後の混乱からの脱出(1945～59年)

可能になった。

積載量の増加にともなってリーフスプリングも強化された。パワーと積載量が増えたことに対応して、ブレーキは前後とも効きのいい2リーディングが採用されるなど、多くの改良が加えられたFA型トラックの荷台は、当時でいう14尺と15尺の2種類で、14尺のほうは長さが4.25m、幅が2.23m、広さは9.5m²だった。

このほかにホイールベースが1,000mm短い3トン積みも生産されたが、こちらのほうは小回りが利くことから建設業界の活発な需要を掘り起こした。

ちなみに、130馬力エンジンに2スピード・リアアクスルを組み合わせた場合の最高速度は1955年(昭和30年)にデビューしたクラウンと、ほぼ同じだった。FA型トラックはエンジンや各部分に改良を加えられながらも、全体のスタイリングはグリルのデザインなどの小変更にとどめられたが、ひと目でトヨタとわかると好評だった。

好調な売れ行きを続けるFA型トラックは、発売してから6年目の1960年(昭和35年)にモデルチェンジを受けた。最大の変更はフロントガラスが大きく湾曲した1枚のカーブドガラスになったことで、これも国産のトラックで初めての試みだった。

この結果、これまでの2枚分割のフロントウィンドに比べて視界は45％も拡がり、2スピードワイパーの採用、曇りを防ぐ強力なベンチレーションシステムなど、快適性と安全性が大きく改善されるとともに、2バレルキャブレターを採用して燃費も向上するなど、改善が数多く加えられた。

1953年(昭和28年)になると、経済的に有利なことから需要が大きいディーゼルトラック用エンジンの開発が始まった。ボッシュ式噴射装置によるディーゼルエンジンを搭載したトヨタ初のディーゼルトラックDA型は、1957年(昭和32年)に発売されたが、ディーゼルと言えばいすゞ、というイメージがあり、この年の販売台数はいすゞの3,468台に対してわずか199台という惨憺たるものだった。

この結果からトヨタは6大都市をはじめ、全国の主要都市にディーゼル専門の販売店を展開、翌1958年(昭和33年)上半期には、いすゞの3,278台に次ぐ1,442台を販売、100×125の5,890cc、110馬力のディーゼルエンジンも、その後改良を加えられて130馬力までパワーをあげた。その後もトヨタは中型クラスのトラックを生産するが、主力は次第に乗用車に移っていったのである。

FA型トラックの荷台。このような木製の荷台が一般的だった。

FA型トラック用シャシー及びそれに搭載されたトヨタ製のディーゼルエンジン。5トン積みが5890cc110馬力。6トン積みが6494cc130馬力。OHV型予燃焼室式エンジン。

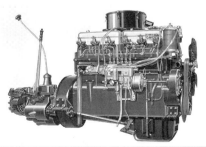

69

ヂーゼル自動車工業、いすゞ自動車

ディーゼルトラック先行で業界をリードする

●戦後の素早い活動

「いすゞ自動車」という名称に変更されたのは1949年(昭和24年)7月のことで、それまでは「ヂーゼル自動車工業」と名乗っていた。いすゞは、戦時中トヨタや日産以上に国策会社として機能したメーカーであった。

もちろん、戦後は自主独立して運営していかなくてはならない。一部空襲による被害があったものの、工場は比較的温存されており、進駐軍による接収も川崎の寮と大森の本社だけで、工場のほうはそのまま使用することができた。

いすゞの戦後の生産再開の動きは比較的早かった。終戦の約1ヵ月後になる9月25日には「占領軍の製造工業操業に関する覚書」により、トラックの生産再開の準備が許されて生産再開に備える活動を始めた。

いすゞが民需工場への転換を正式に許可されたのは、終戦の翌年である1946年(昭和21年)1月であった。最初につくられたのは戦時中と同じトラックTX40型と6輪トラックTU80型で、いずれもガソリンエンジンを搭載したものである。前者は川崎工場、後者は鶴見工場でつくられた。6輪トラックのほうは、その後にバスやディーゼルトラックの生産が増えていく過程で部品在庫がなくなり、生産を中止している。

戦後にいすゞの主力トラックとなったのは、TX40型をモデルチェンジしたTX80型である。

これは、それまでの4トン積みから5トン積みにして1946年(昭和21年)11月に完成、いすゞの標準車として量産にはいった、戦後

1936年当時のTX40型トラック。戦後はしばらくこれと同じトラックが生産された。

1946年11月に完成したいすゞTX80型は、国産トラックでは最初の戦後の新モデル。いすゞは他のメーカーができないことをして、トラック分野でリードしたのである。

第2章 戦後の混乱からの脱出（1945〜59年）

最初のニューモデルである。

戦争中に試作した5トン積みトラックを、民間で使用されるように改良が加えられたモデルである。ホイールベースは従来の4トン車と同じ4000mmであったが、運転台とエンジンを460mm前方にずらして荷物スペースを拡大、荷台長は4200mmになっている。

搭載されたガソリンエンジンはこのときに改良されて72馬力から80馬力にアップ、しかもパワーアップしたにもかかわらず、燃費も10％ほど良くなるよう改良された。積載量の増加にともない、車軸部分の強化、ステアリング機構に改良が加えられている。さらに、その後にフレームの補強や前輪ブレーキの強化が施されたのは、輸送機関の逼迫が続く状況下で、過積載などの過酷な条件の使用が当たり前であり、トラブ

戦時中に試作され、戦後も一時つくられたTU80型6輪トラック。

ルを少なくするためであった。

モデルチェンジされたTX80型の生産が本格化するのは1947年（昭和22年）9月からのことで、それまでは4トン積みTX40型も並行してつくられていた。

また、戦時中の酷使された設備の改善が進められて、月間300台ペースで生産されるようになるのは1948年（昭和23年）7月からの

戦後間もなくのいすゞ大森工場とTX80型シャシー。

いすゞTX80型トラックの運転席とメーターパネル。

いすゞTX80型トラックのフレームとリアアクスル部。

荷台は当時は比較的容易に手に入った木材でつくられていた。

71

ことだった。

● ディーゼル搭載トラックで先陣を切る

もともとディーゼルエンジンを主力としていたいすゞは、早くからディーゼルエンジンの搭載を検討した。

しかし、老朽化した設備を使用してのディーゼルエンジン用のシリンダーヘッドの生産はなかなかむずかしかった。戦後しばらくは、鋳物製作に欠かせないコークスや銑鉄、中子用オイルなどの品質が低下したため、鋳物の歩留まりがかなり悪くなっていた。

とくに予燃焼室など副室をもつディーゼルエンジンのヘッドは構造が複雑であったために生産性が悪く、うまく実用化できないという問題があった。

これを解決するために、いすゞでは鋳物対策委員会を設けて検討を始めた。火力の弱いコークスでもキューポラ溶解を可能にするために予熱式風炉を考案したり、電気炉との併用を図るなどの対策をした。中子

1953年工場前の広場で新車モデルの発表会を開催。主力は大型トラックとバスであった。

ディーゼルエンジンを戦後最初に搭載したTX61型とその室内。燃費の良いディーゼルエンジンにしたことで、TX型はいすゞのドル箱となった。

第2章 戦後の混乱からの脱出（1945〜59年）

　用オイルも戦時中から魚の油を使用するなどしていたが、各種の植物オイルや添加剤などについて検討して安定したものにしていった。
　トラックの場合は、経済性が重要なことからディーゼルエンジンの使用は必須のことであり、いすゞは、1947年（昭和22年）10月に他社に先駆けてTX型トラックに搭載して発売した。これがTX61型である。いすゞがディーゼルエンジンを歩留まり良く生産できるようになるのは、1948年（昭和23年）11月ごろからのことであった。
　いすゞはいち早く5トン積みにしたことと、ディーゼルエンジン搭載車を市販したことで、売れ筋の普通車トラックでは、ガソリンエンジンの4トンクラスしかつくっていない他のメーカーより優位に立つことができた。

　いすゞでは、6トン積みトラックの開発などを検討したが、とりあえずはTX型にしぼって製造販売することにした。TX80/TX61型トラックはいすゞの最初のヒット商品であった。そのため、1949年（昭和24年）度の決算では他のメーカーが不況のなかで赤字を計上したのに対して、いすゞは厳しい経営であったにしても利益を計上するメーカーとなっていた。
　自動車メーカーが浮上のきっかけを掴んだ1950年（昭和25年）の朝鮮戦争による特需では、いすゞもトヨタや日産に次ぐトラックの受注で潤った。
　さらに、自衛隊の前身となる警察予備隊からの受注もあった。このために、特別に6輪駆動車や4輪駆動車を開発した。使用条件を考慮して不整地や砂地での走破性、さらには登坂性能に優れたものにするためのテ

ディーゼルエンジンの出力アップにともない6トン積みとなったTX352型トラック。

1954年の第1回全日本自動車ショウにおけるいすゞのブース。

1957年当時のいすゞ川崎工場のTX型トラックの組立ライン。

ストがくり返された。

　これらの6輪駆動トラックTX21型などは、1951年(昭和26年)に発足した電源開発5ヵ年計画に基づく佐久間ダムや奥只見ダムの建設現場でも使用された。

　こうしたトラックの市場の活性化で、いすゞは経営的に余裕ができ、それを背景に

1952年(昭和27年)にはヒルマンの国産化による乗用車部門への進出を図ったのである。

　1950年代になってから、各メーカーが5トン積みトラックを次々と出してきた。これに対抗するために、いすゞでは1956年(昭和31年)に5.5トン積みのTX531型、57年には6トン積みのTX352型を発売した。これにともないディーゼルエンジンの出力アップが図られた。

　市場が活性化してくると、トラックの大型化が進んだ。いすゞのつくる5～6トントラックが普通車クラスでは主流であったが、輸送量を増大させるには積載量を大きくすることが輸送の効率化につながるから、トラックの大型化は必然的な方向だった。その点では、主流の5～6トントラックで好成績を続けていたせいもあって、い

当時の保安隊向けにつくられた6輪駆動のいすゞTX21型トラック。不整地走行を得意とした。

1960年につくられたTX型ダンプトラック。

特需で大量に生産されたいすゞTX30型カーゴトラック。

第2章 戦後の混乱からの脱出（1945～59年）

すゞは、その後のトラックの大型化に一歩遅れることになる。

●8トン積みTD型トラックの登場

いすゞが8トン級の大型トラックTD型を市販するのは1959年（昭和34年）のことである。180馬力のDH100型ディーゼルエンジンを搭載、出力では他社を上まわった。

TD型トラックはホイールベース4800mmのTD151型、4200mmのTD141型の2本立てとしている。前者はオーバードライブ付き5段ミッションの8トン積みで、最高速度は106km/h、後者は5段ミッションの7.5トン積みで回転半径も小さい。

大型化にともない車軸まわりや駆動系などに強度を持たせ、逆にクラッチハウジングなどはアルミ合金製にするなど軽量化が図られている。電装品などはTX型トラックと部品を共用化し、エンジン、ミッション、サスペンションなどは同時に発表されたBC151型バスとの共用化が図られている。

●ディーゼルエンジンの開発経過

いすゞが戦後のトラックでガソリンエンジンからスタートしたのは、ディーゼルエンジンの主要部品である噴射装置や電装品などの供給が困難であったことに加え、先に記したようにシリンダーヘッドの鋳物の問題があったからである。

これを解決して、いすゞがトラック用ディーゼルとして最初に使用したのは、戦時中に開発された5.1リッター直列6気筒予燃

ボンネットを開けたTD型トラック。

1959年に登場したいすゞの最初の大型トラックTD型。

TD型トラックの梯子型シャシー。

75

1950年代前半のいすゞ川崎工場におけるエンジン組立ライン。

焼室式DA43型エンジンである。しかし、このエンジンの設計は量産を考慮したものではなかったことから、これをベースにして1950年(昭和25年)にDA45型が誕生した。

いすゞDA45型ディーゼルエンジン。

DA48型ディーゼルエンジン。

これからいすゞの戦後ディーゼルエンジンの系譜が始まる。手加工などの作業を必要とする部分をなくし、電装品の小型化が図られ、エンジンの中枢部ともいうべきシリンダーヘッドの予燃焼室まわりも改良され、アイドリング調整装置付きの真空式ガバナーが採用されている。90馬力で出発したが、時代とともにパワーアップの要請が強まり、1953年(昭和28年)にボアを拡大して5.65リッター、100馬力にしたDA48型が発売された。さらに1955年(昭和30年)にはストロークを伸ばして6.1リッターにしたDA120型がつくられて115馬力となった。DA45型はこのときに改良が加えられて105馬力になったのにともなって、DA110型というエンジン呼称になった。

その後も、オーバーヒートなどのトラブル対策と軽量化が実施されるとともに、性能向上のために圧縮比の向上や噴射系の改良が図られた。DA120型は125馬力になり、シンクロ付きミッションと組み合わされて、TX型トラックの販売増強に一役買った。

ディーゼルエンジンでは、戦前からの実績があり、性能的に安定していたエンジンをつくることができたことが、この時期に普通トラック部門でいすゞが好調だった原因の一つだった。

大型トラック用として開発されたDA110型エンジン。

第2章 戦後の混乱からの脱出（1945〜59年）

三菱ふそう

技術を駆使して自動車部門の充実を図る

●GHQによる分割指令のなかで

　終戦によって、兵器や軍用飛行機、軍艦などの主力製品を失った三菱は、民間を対象にした製品をつくることになった。自動車はそのなかで最も力を入れたものの一つだった。

　戦後すぐに、戦前につくられたトラックをベースにして自動車部門に参入する試みを開始したものの、三菱は日本に進駐した連合軍による財閥解体指令という大きな問題を抱えることになった。

　といっても、中島飛行機が敗戦によって飛行機の製造が認められそうにないこともあって、技術者の多くが離れていったのに対して、三菱は大きなしっかりした組織だったために優秀な技術者の多くがそのまま留まっていた。

　三菱グループは、三菱商事が163社に分断されるなど財閥解体の主要ターゲットになっていた。三菱重工業は飛行機と造船部門を中心に23の製作所があり、それぞれに分割される恐れがあったが、三菱側でも造船、機器部門、車両関係、旧飛行機部門などに分けて8社分割案や13社分割案を作成して連合軍に提出するなど、交渉が続けられていた。

　その間に、米ソの冷戦が抜きさしならないものになってきて、連合軍の方針に変化が見られるようになった。

　三菱では造船を3社に分割するほか、水島製作所・京都製作所・東京製作所・大井製作所・川崎製作所をひとまとめにして日本機器製作所とする6社分割案を出した。地域はバラバラであっても車両関係の製作所が自動車生産でまとまる提案としたのであった。

　しかし、1950年（昭和25年）になり、連合軍の回答は地域による3分割というものであった。三菱重工業は東日本重工業、中日本重工業、西日本重工業として、三菱という呼び名の使用を禁止された。

　このうち、東日本重工業がバスやトラックなど、中日本重工業が自動車車体やスクーター、オート三輪車をつくることになり、自動車部門はひとつの会社に集約されることにはならなかった。

　その後、1952年（昭和27年）には三菱という社名を使用することが許可されて、東日本重工業は三菱日本重工業となり、中日本は新三菱重工業、西日本は三菱造船所という

戦時中に川崎製作所が試作したディーゼルエンジン搭載のYB40型トラック。これをベースに戦後になって京都製作所でKT2型トラックがつくられた。

77

名称に変更された。

そして、1964年(昭和39年)に分割された3社が合併して三菱重工業となり、その後、1970年自動車部門が独立して三菱自動車工業が設立された。それから、2003年(平成15年)には小型自動車部門と分離して、大型バス・トラック部門が、三菱ふそうトラック・バスとして独立し、ふそうはダイムラー・クライスラーの傘下に入った。

京都製作所で戦後間もなくつくられた4トン積みふそうのKT1型トラック。

● **大型トラックが主力となる**

三菱が普通トラックを本格的に製造するようになるのは、1950年(昭和25年)に東日本重工業として新しいスタートを切ったときであるが、その主力となる東京製作所は自動車製造を考慮した設備を備えていたために、この部門がここに集約されることになった。

もちろん、それ以前からトラックの生産が試みられていた。戦後になって、民需に転換する必要に迫られた各製作所は、それぞれの特徴を生かし連携して新しい製品開発にあ

たった。京都製作所は、それまで航空機用エンジンを製作していたが、その技術を生かしてトラックをつくることになった。

そのために、搭載するトラック用エンジンとして東京製作所で開発したGB38型ガソリンエンジンを生産、車体やシャシーのほうはかつて川崎製作所が試作したYB40型トラックの図面を借り受けて、これを参考にして設計から始めた。

1946年(昭和21年)7月にできたのが4トン積みふそうKT1型トラックである。これは、

1946年に試作が開始された川崎製作所で戦後第1号となったB1型トラック。7トン積みでガソリンエンジンを搭載、シャシーは先に開発されたB1型バスと共通のフレームだった。下の写真がそのフレーム。その後バスが改良されてB2型となるのにともなってトラックも改良され、エンジン搭載位置が前方にきて荷台スペースが長くなった。これがディーゼルエンジンに換装されたのは1948年11月のことであった。

第2章 戦後の混乱からの脱出（1945〜59年）

1948年（昭和23年）11月に一部改良されてKT2型となったが、このトラックは1949年（昭和24年）6月に生産が打ち切られている。

資材不足に悩まされながら月産60台まで生産能力を高めたが、インフレの影響もあって赤字が膨らんだためである。しかし、このガソリンエンジンをもとに開発されたディーゼルエンジンの生産は続行され、その後、東日本重工業で製造されるトラックに搭載された。

同じように、東京製作所では戦前に試作された大型トラックCT20型の図面をもとに、1946年（昭和21年）に7トン積みT47型トラックをつくりあげた。これは他のメーカーが4〜5トン積みしかない時代に、それらをはるかに上まわる大型トラックであったが、試作だけに終わっている。

「ふそう」と名付けられていたトラックとバスの生産が川崎製作所に集約され、最初につくられたのはB1型バスで、この直後につくられたトラックは、このバスのフレームを流用したものであった。

その戦後のニューモデル第一号であるB1型トラックが完成したのは1948年（昭和23年）11月、7トン積みという大型であった。B1型バスが改良されたことにともなって、同様にフロントにあるエンジン位置を前進させて荷台を広くしてスプリングを変更、B2型トラックとして1949年（昭和24年）12月に発売された。

これらのトラックは、戦後の貧しさを反映してトラック独自のフレームを持たなかったが、他のメーカーとの競争が激しくなると、トラック専用フレームを開発することになり、1951年（昭和26年）10月に8トン積みT31型トラックが誕生した。

ストレートフレームを採用し、リアに補助スプリングを取り付けて、当時は当た

8トン積みとなったふそうT31型トラックは、トラック専用のフレームとなった。全長7995mm、ホイールベースが4500mm、車両総重量は13715kgだった。

1958年にT31型を改良してT33型となった。同じ8トン積みであるが、DB31A型エンジンは155馬力となり、全長も8210mm、ホイールベース4800mmと大きくなり、乗り心地も向上させている。

79

前となっていた過積載に耐えるように頑丈にしたものである。ディーゼルエンジンもパワーアップが図られた。

当時の三菱ふそうの普通トラックの中心になるものだった。これに、ホイールベースを4500mmから4000mmに縮めて積載量7.5トンにしたT32型が追加された。ホイールベースを短くすることで小回りが利くようにしたダンプカーを中心とした特装用トラックである。

なお、これとは別に東京製作所丸子工場では、1951年(昭和26年)から6輪駆動の4トンレッカー車体の特装トラックW11型がつくられた。ダンプトラック、クレーンキャリアなど牽引や吊り上げ用のデリックブームを架装するもので、エンジンは8.55リッターのガソリンエンジンを搭載したが、やがてディーゼルエンジンが主力になっていく。さらに、これより大型の特装トラックW2型が1953年(昭和28年)から登場し、自衛隊の前身である保安隊などで採用されるとともに、建設現場などで使用された。

主力のT31型トラックは、ホイールベースを4800mmに伸ばすとともに全金属製のキャブを架装するなどスタイルを一新してT33型となり、ブレーキの強化、タイヤの変更などでの改良を加えて1955年(昭和30年)8月か

ら生産を開始した。

その3年後にはエンジンを155馬力までアップし、乗り心地の向上が図られた。さらに、エアサスペンションを日本で初めてトラックに採用したAT33型、また性能向上が図られたT330型が1960年(昭和35年)に登場している。

同時に特装トラックも改良され、7.5トン積みのT330型は8トン積みとなり、T335型ダンプ、T350型トラクターが戦列に加わった。さらには、T330型をベースにした6.5トン積みのT410型を1963年(昭和38年)2月に発売した。

これらはいずれもボンネットタイプであるが、三菱では1959年(昭和34年)9月に大型キャブオーバートラックを発売し、先駆けとなっている。これについては、次章で述べることにする。

● 三菱のディーゼルエンジン

ディーゼルエンジンに実績のある三菱は、いすゞに次いで早くからトラックにディーゼルエンジンを搭載した。もとになったのは1938年(昭和13年)に開発したY6100AD型エンジンで、予燃焼室式水冷直列6気筒、ボア・ストロークは110×150mmである。最初は100馬力であった。戦後に登場したDB0型はこれをベースにシリンダーヘッ

1951年につくられた6×6全輪駆動のW11型ダンプトラック。4トン積みで125馬力のガソリンエンジンを搭載、ふそうの特装ダンプはW型となり、自衛隊用あるいは土木開発現場で活躍した。右は1960年につくられたT33型ダンプトラック。

第2章 戦後の混乱からの脱出(1945〜59年)

ドを2分割して前後を共通とし、シリンダーライナーはウエット式になっている。

1950年(昭和25年)に登場したDB5型は、量産するためにDB0型を改良したもので、サーモスタットを採用して冷却性能と燃費の向上が図られた。また、性能アップのためにピストンの頭頂部を三つ葉のクローバー状の燃焼室にし、シリンダーヘッドも改良している。これにより、110馬力から130馬力となった。

このDB型ディーゼルエンジンは、三菱のバス・トラックの主力エンジンとして1967年(昭和42年)にDC型が登場するまでは同じボア・ストロークのまま改良が加えられて使われた。DBシリーズエンジンの改良過程は以下のとおりである。

1955年(昭和30年)には馬力は同じだが、加工工数を減らして生産性を上げるためにクランクケースを変更するなどしてDB7型となった。このときにブレーキは真空サーボ型から圧縮空気式に変更するため、真空ポンプはエアコンプレッサー式になった。また、従来は2分割されていたインテークマニホールドを一体化し、スターターもピニオンシャフト型に変更された。これらの改良によりエンジン外観は大きく変わった。このときに月産250台体制が確立された。

1957年(昭和32年)3月からは高速化・長距離化に対応するためにオートマチックタイマー付きA型燃料噴射ポンプを採用して155馬力とし、さらに翌年には性能の良いガバナーの採用などでDB31型とし、165馬力になった。

また、1957年(昭和32年)には排気ターボを装着したディーゼルエンジンDB34型を開発(185馬力)したが、これは試験的にバスに搭載され開発が続けられた。

排気量が同じままだったDBシリーズは、当初のDB0型の寸法が長さ1322×幅670×高さ1218mmだったが、165馬力となったDB10型では1326×652×995mmとコンパクトになり、圧縮比も16.5から18.0に、トルクも42キロから57キロに向上している。最高出力の回転は2000rpmから2300rpm、最大トルク時では1200rpmから1400rpmになっている。

なお、これとは別に京都製作所で1948年(昭和23年)に開発した水冷4気筒5320cc 85馬力のディーゼルエンジンKE5型は、ここでつくられていたKE型トラックの計画が生産中止となったために、ディーゼルエンジンがほしかった日産に大量に販売されたほか、ブルドーザーなど建設機械用に使用された。このエンジンは1954年(昭和29年)には5817cc95馬力のKE21型になり、5トン積みとなった日産トラックに引き続いて搭載された。

ふそうトラックに搭載されたDB0型(左)と戦後の主力となったDB5型ディーゼルエンジン。

日野重工業、日野産業、日野ヂーゼル工業、日野自動車工業

300人での苦しいスタートによる成功

●敗戦による解散からの再スタート

　これまで紹介してきた自動車メーカーのなかで、もっとも新しく設立されたのが日野自動車工業である。もともとはいすゞ自動車の前身である東京自動車工業（1941年よりヂーゼル自動車工業）から1942年（昭和17年）5月に分離独立したものだが、源流を辿ればかなり古くなる。

　東京瓦斯電気工業自動車部時代から続いた大森工場が手狭になったので、都下の日野町に大きな工場を建てて移転したのが日野のスタートで、人脈としても"瓦斯電時代"からの人たちが中心だった。

　ディーゼルエンジン自動車を一手につくることで東京自動車工業が1940年（昭和15年）5月に自動車製造事業法の許可会社に認定されたときの付帯条件で、戦車や特殊自動車部門を分離することが決められていた。資本金5000万円、日野重工業として新会社が設立されたが、国策会社であることから、社長には松井命陸軍中将が就任した。

　分離独立前の1941年（昭和16年）9月に日野工場の落成式が行われたが、陸軍の兵器をつくる秘密工場ということで、このときには憲兵が護衛していて、派手な披露ではなかったという。戦時中は戦車や特殊車両などの日本の兵器車両の製造では、三菱重工業の東京製作所と並んで大手メーカーとして活動した。

　財閥グループである三菱重工業とは異なり、日野重工業は単独の企業であったために敗戦によって苦境に陥った。

　それまで設計部がいた事務関係の施設が進駐してきた連合軍に接収された。立川基地と近いこともあって、アメリカ航空隊の士官宿舎になった。

　日野重工業は民需転換の見通しが立てられず、終戦の翌9月にいったん解散することになり、7000人いた従業員は、わずかな残務整理要員を残してちりぢりになった。

　このときに中心になって活動したのが大久保正二専務だった。日野は技術部門を星子勇、事務・営業部門を大久保が統率して、二人が活動の中心になっていたが、星子が1944年に死亡してからは大久保が経営の中心になっていた。

　残務整理をしているうちに兵器をつくっていた工場も民需転換が許されることが分かり、再スタートを切る準備が始められた。残っていた資材でなんとか商品をつくることでやっていこうとして、もとの従業員のうち300人ほどが呼び戻された。

いすゞ自動車の前身である東京自動車工業の日野工場として建設された後、分離して日野重工業としてスタートした（1948年当時）。

第2章 戦後の混乱からの脱出(1945～59年)

大久保の意向で、40歳以下の人たちに絞られた。他の自動車メーカーと同じように、最初は生活にすぐ必要と思われる鍋や釜をつくることから始まった。

1946年(昭和21年)1月に正式に民需転換が許されたのを受けて、3月に社名を日野重工業から日野産業と改称した。この時点では、何を主力製品にするか決めておらず、販売できそうなものなら何でもつくるつもりで、まだ自動車メーカーになるという明確な姿勢ではなかった。

再出発に当たって、東京瓦斯電気工業及び東京自動車工業の社長を務めた松方五郎を社長に迎えた。しかし、この直後に公職追放で松方は社長を辞任せざるを得なくなったので、専務の大久保が社長に昇格した。これで名実ともに大久保が同社の舵取りをすることになった。

しかし、鍋や釜は思ったように売ることはできず、このころに日野産業の経営を支えたのは進駐軍のトラックの修理に加えて、日本通運のトラックのメンテナンスなどだった。新しくつくったものでは、アルミ製のトランクや戦車用のゴム輪を利用したリヤカーなどがあり、これらが多少なりとも利益を生み出した。当時、工場にあったボールベアリングを使用したリヤカーは非常に好評だった。しかし、すぐに残されていた材料を使い切ってしまった。

● トレーラートラックの開発と販売

日野の工場には、数百基の大型車両用ディーゼルエンジンが残されていた。このディーゼルエンジンは直列6気筒、ボア・ス

戦車用の空冷DB52型ディーゼルエンジン。統制型として1940年に完成。直列6気筒、予燃焼室式120×100mm、10052cc、最高出力120馬力/2000回転。このエンジンが残されていたためT10+T20型10トン積みトレーラートラック(右及び下)がつくられた。前輪はトレーリングアームとコイルスプリングを用いたサスペンション。

83

トローク120×160mmの10852ccと大きいものだった。これを搭載した自動車をつくる計画が持ち上がり、トレーラートラックにするという案が浮上した。

敗戦で建物の一部が接収されることになったために、技術資料や図面などはすべて焼却されたはずだが、たまたま戦時中に試作したときの図面が残されていたのである。開発担当者が重要書類の一部を鋼材でつくったケースに入れて敷地内に埋めておいたものを掘り起こして計画を進めることになったのである。

トヨタや日産は、すぐに自動車の生産を始めていたが、日野のように戦時中には自動車生産から遠ざかっていたメーカーでは、他のメーカーでつくっていないようなインパクトのある自動車にする必要があった。そのうえで、残されている材料を使用してできるもの、ということでトレーラートラックになったのである。

この当時の車両規定では、道路を走る車両は全長7m、積載重量5トンまでに制限されていたが、これは全長10.5mで重量は6.5トンになる自動車であった。規定上は走ることができない大きいサイズとなる。しかし、それより大きい進駐軍のトレーラートラックが堂々と町中を走っているのだから法規を改正してもらえばよいとして、大久保は計画通り開発を進めた。

その後、法規は改正され、大型車両は12mまでの全長が認められるようになるが、その前に運輸省などに何度も足を運んで、当面の措置として日野のトレーラートラックの走行は認可されることになった。

試作車をつくるに当たって、いくつもの障害があった。当時は、トラクター車に必要な鍛造アクスルビームの入手が困難であった。そこで、駆動部分のみキャタピラを使用した半軌装甲兵車のフロントまわりをそのまま流用して切り抜けた。これは、前輪はコイルスプリングを使用したトレーリングアーム式の独立懸架だった。

このトレーラートラックは左ハンドルだった。長大なトラックを走らせる場合、もっとも注意しなくてはならないのは人身事故であった。そのため、歩道側がよく見えるには

T10+T20に次ぐトレーラートラックのT11+T21型。これ以降は水冷のD54型115馬力/1700回転エンジンを搭載、ラジエターグリルが設けられ、屋根付きの荷台となっている。左の写真は馬匹運搬に用いられたもので、1947年中山競馬場前。

第2章 戦後の混乱からの脱出(1945〜59年)

左ハンドルのほうがよいという理由だった。当時は、舗装路も少なく、道幅の広くないところも通らなくてはならなかった。

試作1号車が完成したのは1946年(昭和21年)9月、さっそく走行試験を開始するとともに30台ほどつくって販売する計画を立てた。本格生産するようになって、鍛造によるフロントのアクスルビームを使用するものに改められたが、このトレーラートラックは最後まで左ハンドルのままだった。この当時はハンドルの位置については、右にこだわっていなかったようだった。

トレーラートラックはT10・20型と呼ばれた。トラクターT10型は長さが5580mm、ホイールベース3700mm、車両重量4000kg、荷台部分となるトレーラーはT20型と呼ばれ全長7200mm、ホイールベース4400mm、車両重量2500kgである。1947年の秋頃からこのトレーラートラックが少しずつ売れるようになり、同様にトレーラーバスもつくって、こちらも販売を伸ばすことができた。

これにより、ようやく四苦八苦した経営は安定した。1948年(昭和23年)12月には社名を「日野ヂーゼル工業」に変更している。主力商品はディーゼルエンジンを搭載したトラックとバスにシフトすることになったからである。

普通トラックに比較して価格の高いトレーラーの製造販売で、他の自動車メーカーに比較して利益率が良かった。1949年(昭和24年)のドッジラインによる不況のときにも、その影響をあまり受けないで済んだのは、他の自動車メーカーに比較して従業員数が少なく、少数精鋭主義を貫き、受注してから手づくりによる少量生産でこなすことができ、在庫を抱えることがなかったからでもあった。

市販したトレーラートラックに関するユーザーからの要望を採り入れて改良を施すとともに、需要の大きいトラックの開発に取りかかった。

他のメーカーの普通トラックは、戦前からのものをベースにして生産していたが、日野では大型ディーゼルエンジンの特色を生かして大型のトラックとバスを新しくつくることにしたのである。新設計のトラックは1948年(昭和23年)から開発が始められた。

●新しいトラックとエンジンの開発

最初から設計を始めるので、独自な魅力のあるものにしようと、経済性と信頼性の確保はもちろんのこと、静かなエンジンにすること、運転のしやすいトラックにすること、荷痛みがしないように振動を抑える

DA54型エンジンの生産性を良くしたDA55型を搭載し、キャブ部分もいちだんとスマートになったT13・T23型トレーラートラック。当時はこれだけ荷台の大きいトラックが他になかったので威力を発揮した。10〜15トン積み。

85

ことなどのコンセプトが立てられた。

新設計のDS型ディーゼルエンジンは、星子勇の薫陶を受けた家本潔たち若手技術者が中心になって開発された。

シャシー関係では、ウォームローラー式ステアリング、フルエアブレーキ、ロングスパンのリーフスプリングの採用など進んだ機構になっている。スタイルでは、つくりやすくするために、フェンダーは半円形で、ラジエターからボンネットにつながる部分は比較的細身になっていて、バンパーから独立したヘッドライトにしている。これらは、実質的な回転半径を小さくすることを考慮したものであった。

こうして1949年(昭和24年)4月に試作を完成させたのが7.5トン積みのTH10型トラックである。テスト走行を繰り返したのち、1950年5月に発売された。販売会社を独立させて販売体制も整ってきており、トレーラートラックとは比較にならない多くの注文が寄せられた。同じ時期に発売したバスも好調であった。

この発売直後の1950年(昭和25年)6月に朝鮮戦争が起こり、その特需による好況が訪れた。日野ヂーゼル工業は直接米軍から受注はなかったが、トラックの修理などの仕

1950年代後半の日野組立工場の生産ライン。左がZC型、右がTH型のラインである。

事が増え、新設された自衛隊の前身である警察予備隊からトレーラートラックをはじめとして特装車などを受注した。

また、日本全国で開発が盛んになることで需要が急増した6輪駆動車を1952年から売り出した。日野ヂーゼル工業の発売する新しいモデルは、いずれもヒットした。

1952年(昭和27年)にはDS10型エンジン搭載のダンプトラックZC30型を発表、ZC20型カーゴトラック、HB10型前輪駆動トラクターを相次いで発売した。

こうした好況を背景に、乗用車部門に進出する強い意欲を示したのが、戦後同社をリードしてきた大久保社長だった。日野の

1950年に発売された日野の最初の大型トラックTH10型。それまではトレーラートラックしかなかったが、これで本格的トラックメーカーとなった。全長8150mm、ホイールベース4800mm、7.5トン積み、車両総重量12315kg。

第2章 戦後の混乱からの脱出（1945〜59年）

TA型ダンプトラック。1957年に発売されたTA11型カーゴトラックをベースにした7.5トン積み。エンジンはDS30型、150馬力/2400回転を搭載する。

技術部門を率いてきた東京瓦斯電気工業以来の星子勇も、機会があれば乗用車をやりたいと意欲を常に見せていた。戦前から暇を見つけて、部下たちにオペルやイギリスフォード、さらにはクライスラーなどの乗用車の研究をさせていた。

大久保も、そんな星子の意志を継ごうと意欲的に取り組んだのである。1952年（昭和27年）にはフランスのルノー社と技術提携を結び、大衆車のルノー4CVの国産化を果たし、工場の拡張と従業員の増強が図られた。しかし、トラックのほうの開発も力を抜くことはなかった。

1952年（昭和27年）から重ダンプトラックの開発が始められた。佐久間ダムなど電源開発会社が活発に活動するようになり、未開地で使用できる大型のダンプカーが必要になったのである。いくつかのメーカーに開発要請があり、日野もそれをきっかけに開発を始めた。

エンジンまわりをコンパクトにまとめてホイールベースをできるだけ短くして小回りが利くようにしながら、荷台をできるだけ大きく取る工夫が凝らされた。日本初のパワーステアリングの採用、エアサーボクラッチの採用など操作性を良くするシステムにしている。強化のために溶接して閉じ断面にしたフレームを用いたのも、当時としては画期的であった。これが日野の重ダンプトラックZG10型12トン積みである。当時定評のあったアメリカのユークリッド社製のダンプトラックは1200万円したが、このころまでは独占的に使用されていた。1954年（昭和29年）12月に日野がZG型を650万円で発売、土木現場に翌年3月までに38台が納入され、国産重ダンプトラックが使用されるきっかけとなった。

普通トラックの分野でも6.5トンから8トン積みまで3種類のトラックをラインアップした。1956年（昭和31年）1月に発売されたもの

1952年から6×6全輪駆動の特装車がつくられた。ダンプトラックZC30型。これはDS11型エンジンが搭載された。

で、これがTH型及びSH、TA型などのトラックで、その後も改良されて生産された。

ルノーの国産化が話題になっていたが、日野はトラックとバスの分野では他のメーカーとは違って、着実に、しかも順調に成長していたのである。なお、「日野ヂーゼル工業」から「日野自動車工業」に社名を変更したのは1959年(昭和34年)6月のことである。乗用車を生産することで、総合自動車メーカーになるためであった。

この前年の全日本自動車ショーに発表されて話題を呼んだのが、前2軸のキャブオーバータイプTC10型トラックである。この発売は1959年(昭和34年)3月であるが、これについては次章で説明することにしたい。

● トラック用エンジンの展開

日野が新しく開発し、TH10型に搭載されたDS10型エンジンは、高出力・低燃費を達成しようとするのはもちろん、静粛でメンテナンスフリーにすることも考慮された。性能を良くするには平均有効圧力を高めることが必要で、その達成のために単気筒のテストエンジンをつくって燃焼などの実験で試行錯誤を続けた。

静粛性を上げるためにクランクシャフトの剛性を上げるようにしたが、一方では軽量化を図るために、カウンターウエイト一体の鍛造にしている。また、性能を維持するためには精密な加工が欠かせないが、そのために専用の工作機械を使用するなど、戦後の貧しい時代にあって、かなり贅沢な選択をしている。貧しさから脱しようと、住友金属や日立精機などが全面的に協力した。DS10型エンジンは7014cc、110馬力/2200回転だった。

その後、改良されてDS12型となり、125馬力/2400回転となっている。さらに、このエンジンの発展型であるDS30型は7698ccと大きくなり、150馬力/2400回転となった。いずれも予燃焼室の直列6気筒である。

6.5〜8トントラックに使用するディーゼルエンジンとしてDA型シリーズが1950年代の主要エンジンとして活躍した。

これは、トレーラートラックに搭載された空冷のDB53型とともに、戦車用として使用された水冷のDA54型をベースにしたものである。これを改良して構造をシンプルにして、DA55型になった。

不整地走行を前提としたDB54型はドライサンプ方式の潤滑装置になっていたが、これをウエットサンプ式にし、オイルポンプも2個から1個に減らすなどされた。

さらに1956年(昭和31年)にはDA58型となり、10850cc120馬力/2000回転、最終的には175馬力となった。

1952年のDS10型7リッターエンジン。110馬力/2200回転。

DA55型水冷エンジン。DB53型までは空冷だったが、それを水冷にしてT11・T21型から用いられた。

第2章 戦後の混乱からの脱出（1945〜59年）

民生産業、民生デイゼル工業

日産の傘下で本格的メーカーとして活動開始

●自動車部門に日産の資本が入る

　戦時中は、最初の工場であるディーゼルエンジンとトラックをつくっていた川口工場、鐘紡の工場を転用して船舶用エンジンをつくっていた墨田工場、同じく繊維工場を改良してブルドーザーなどをつくっていた神根工場、その分工場である城東工場、昭和内燃機を吸収合併して小型ディーゼルエンジンをつくっていた市川工場、さらには小松川工場や郡山工場があった。

　民需に転換するに当たって、1946年（昭和21年）5月に社名を「民生産業」に変更している。疎開で機械類を移動したのをもとにもどして修理しながら、船舶用あるいは建設機械用のディーゼルエンジンの製造などとともに、戦前からのTT9型トラックの生産を細々と再開した。自動車を生産するまでは在庫のあったアルミなどの材料でフライパンや鍋をつくっていた。得意のブルドーザーをつくり始めたが、1947年（昭和22年）になるとGHQから禁止されてしまった。

　最初のヒット商品となったのは、1949年（昭和24年）に富士産業（旧中島飛行機系）と共同開発したモノコック構造のリアエンジンバスのコンドルだった。これで、自動車メーカーとしての歩みを始めた。しかし、経営そのものがしっかりしたものではなく、経営者が交代、能率を上げて生産するために使用に耐えられる機械類を川口工場と墨田工場に集約し、小さい工場は閉鎖された。

　翌1950年（昭和25年）5月に民生産業は清算されることになり、自動車関係の川口工場が「民生デイゼル工業」になり、舶用エンジン部門の墨田工場が鐘淵デイゼル工業として分離独立することになった。

　そんなところに、日産自動車から民生産業でつくるディーゼルエンジンを日産トラックに搭載する話が持ち込まれた。

　KD2型60馬力エンジンが日産に納入されるようになったのは、1949年（昭和24年）10月からで、ユーザーが経済性に優れたディーゼルエンジン車を望んでいたからだった。日産では三菱重工業から80馬力ディーゼルエンジンを購入して搭載しており、これとは別に民生から1949年12月に500基のエンジンを購入、M180型トラックとして発売した。

　このころの日産は、ダットサンと普通トラックを生産していたが、ディーゼル車の生産は外部に委託した方が都合がよかった。そこで、安定した仕事を求めていた民生産業に日産がシャシーを供給して、川口工場でエンジンを搭載して完成車にすることで話し合いがついたのである。

　日産との提携が決まり、「民生デイゼル工

1950年当時の民生デイゼル工業の工場風景と戦後最初のトラックTS21型。

89

戦前から使用されていたKD3型2サイクルエンジン。改良が加えられてUDエンジンにバトンタッチされるまで使用された。

4トン積みのミンセイTS21型トラック。全長6265mm、ホイールベース4000mm、変速機は4速選択摺動式。KD2型60馬力エンジンを搭載する。その後70馬力に向上した。

業」は再出発することになった。1950年(昭和25年)5月に新会社の発足と同時に、社長に就任したのは日産自動車の設計に長く携わってきた後藤敬義で、そのほかにも首脳陣が日産から送り込まれた。

後藤はダット自動車製造時代に小型自動車「ダットサン」を設計した日産の中心的な技術者だった。もちろん、戦後も日産の取締役として活躍していた。

● バスに次いでトラックの生産開始

これにより、同社は日産傘下のディーゼルエンジン車メーカーとなり、普通車以上のトラック・バスをつくるようになった。リアエンジンバスのコンドルが主力となっていたが、このほかに日産から供給される部品をもとにディーゼルエンジンを搭載したトラックがつくられるようになった。

最初は日産180型そのもので4トン積みで出発し、その後ガソリンエンジン搭載の日産トラックとともに5トンになった。これがミンセイTS21及びTN50型である。

民生独自のスタイルのトラックも市場に投入した。これはミンセイTN93型で7.5トン積み、エンジンは戦前からつくっていた2サイクル対向ピストンのKD3型90馬力ディーゼルである。エンジンの高さがあるのでボンネット高さも大きくなるが全長が短くなるから、他のメーカーのトラックよりホイールベースを長くできるので、荷台がそれだけ長くできる利点があった。

1953年(昭和28年)2月には10トン積みダンプトラックTZ10型を完成させた。ダムの工事現場で使用することを目的としたものでホイールベースは4000mmにして、KD3型エンジンを搭載している。

このころには、TN93型とは別に、7トン積みのTN96型が加わっている。ホイールベー

KD2B型になり80馬力にアップしたエンジンを搭載したTS23型トラック及びダンプトラック。

第2章 戦後の混乱からの脱出(1945～59年)

スが4350mm、全長7775mmとなっている。

さらに6トン積みのTN95型もラインアップされた。TN95型はホイールベースは4350mmとTN93型より250mm小さいがエンジンは同じKD3型なので、軽量になったぶん性能が良かった。

1953年(昭和28年)には新しく4.5トントラックTS23型が加わった。このときにはKD型エンジンは2型が60馬力/1500回転から70馬力/1800回転に、3型が90馬力/1500回転から105馬力/1800回転に性能向上されていた。その後、KD2B型となって70馬力から80馬力と最高出力がアップされており、これにともなって、フレームやアクスル、さらにはブレーキなどが強化された。

●新エンジンによる新モデルの誕生

ミンセイトラックが大きく変わるのは1955年(昭和30年)のことである。それまでの2サイクル対向ピストンのKD型と同じ2サイクルであるが、機構の異なるユニフロー式ディーゼル(UD)エンジンを開発したのである。

この新しいエンジンは、その頭文字をとってUD型と称した。1955年に完成し、120馬力のUD3型、150馬力のUD4型さらに少し遅れて230馬力のUD6型というラインアップを揃えた。

それまでのエンジンが機構的に古めかしく、性能向上させることが難しくなったた

めに切り換えることにしたのである。新しいエンジンも、他のメーカーの4サイクルディーゼルエンジンとは異なり、特徴のあるものだった。このエンジンを搭載したトラックは、デフまわりをはじめ、前後のアクスルなどのパワートレインを改良し、フレームもエンジン架装のために幅を広げ、積載量の増大や長尺ものに対応して補強されている。

このうち3706ccのUD3型ディーゼルエンジンは、日産680型トラックに搭載された。同じく680型に搭載される4000ccでOHV型になったP型ガソリンエンジンより最大出力で数馬力低いだけである。

同社で製造する自社ブランドトラックで主力となったのは、UD4型エンジンを搭載する7.5トン積みのミンセイT75型トラックである。新エンジン搭載を機にトラックの型式名も変更され、TN93型はT75型に、TS23型はTS50型となった。T75型はスタイルを一新し、ホイールベースも4800mmになってい

7.5トン積みのミンセイTN93型トラック。KD3型90馬力エンジン搭載。全長7775mm、ホイールベース4600mm。4段変速で1速のみシンクロメッシュ。

TN95型トラック。KD3型は105馬力となり、新しく6トン積みとして7.5トンのTN93型と同じエンジンを搭載して、総重量10455kgと2000kg近く軽くして走行性能を高めたトラックとして登場した。

ミンセイTN96型トラック。

る。エンジンは150馬力のUD4型を搭載、サスペンションやアクスルが強化された。

T75型をベースにしたトラッククレーンも神戸製鋼所と共同でつくられた。車両重量13350kgで、巻き上げ速度は毎分48.5mだった。

このときにUD6型を搭載するミンセイ6TW型重トラックが登場し、主力トラックとして成長する。10.5トン積みで20尺(約6060mm)という長いボディのトラックだった。

1950年代にあっては、UD6型230馬力エンジンを搭載するこのトラックが我が国では最大の積載量であった。6×4の後輪を2軸駆動にしてスプリング及びサスペンションはトラニオン方式にしていた。2軸駆動にするに当たっては、トランスファーでパワーを分割して2本のプロペラシャフトを配置して、それぞれ2軸となっている後輪用のデフに伝えられていた。

この当時、2サイクルUDエンジンは出力が大きく、エンジン回転に合わせて変速しなくてはならないコンスタントメッシュ式ミッションではエンジン回転速度が落ちるのが早いためシフトがしやすいこともあり、ドライバーには好評だったようだ。ただし、燃費が良くなく騒音も大きいという欠点もあった。

また、3気筒のUD3型110馬力エンジンを搭載したTS50型は5トン積みトラックである。ホイールベース4000mm、ダンプ、タンクローリー、トレーラーなどの特装車としても使用された。T75型と共用部品化も図られていた。車両総重量8885kgだった。

日産の資本が入る前の1949年(昭和24年)にはバスとトラックを合わせた生産台数は384台だったが、1950年には948台、翌1951年には1046台、1960年には2839台に増えている。

●特徴のある2サイクルUDエンジン

戦前から引き継いだ対向ピストン型2サイクルエンジンは、本場のドイツでも生産しなくなっていたから、日本の民生だけでつくられていた。KD型の場合は、ボア・ストロークは85×96&144mmとなる。つまりストロークは上側と下側があり、排気量は2724ccとなり、最高出力は70馬力/1800回転だった。

5トン積みTS50型トラック。UD3型110馬力エンジン搭載。全長6858mm、ホイールベース4000mm。

同じ2サイクルながら全く新しい機構のUDエンジンを搭載したミンセイT75型トラック。7.5トン積みで、全長は8290mm、ホイールベース4800mm、車両総重量13026kg。UD4型エンジンは150馬力。スタイルが一新され、フレームやパワーユニットも強化された。

第2章 戦後の混乱からの脱出（1945〜59年）

次第にエンジンの仕組みが分かってくるにつれて戦前からの技術の総帥である阿知波二郎を中心に、独自に改良が加えられるようになったが、エンジン回転を上げることが難しく、いつまでも使用するわけにいかないことが次第に明瞭になってきたのである。

そこで、これに代わる新しいエンジンを開発することが急がれた。しかしながら、せっかく2サイクルエンジンについて研究し経験を積んできたので、これを生かしたエンジンにしようという計画であった。

新たに開発されたエンジンが、ユニフロー式掃気の2サイクルディーゼルエンジンである。

ユニフロー掃気というのは、2サイクルで普通に掃気する横流れではなく、下から上へと縦に流れる方式であり、燃焼室に直接燃料を噴射させる直噴式であることもKD型と同じである。この機構のエンジンは、GMの傘下に入ったデトロイト・ディーゼル社が使用、大陸横断用のグレイハウンドバスなどに搭載されており、これを参考にして開発したものであった。

掃気させるために送り込むエアに勢いを付けさせるのはルーツ式ブロアで、2サイクルエンジンでありながら、シリンダーヘッドには排ガスを逃がすために気筒あたり2本の排気バルブを持つ。

ピストンが下降すると掃気ポートから送られたエアがエアチャンバーからシリンダー内に入り込み、シリンダーヘッドにある排気バルブが開いて吸気に追い出される。排気バルブは、4サイクルエンジン同様にシリンダーブロックにあるカムシャフトからのプッシュロッドを介したロッカーアームの動きで開閉する。

掃気行程で排気が下から上に追い出されて排気バルブから押し出されるので、掃気

10.5トン積みミンセイ6TW型トラック。最大積載量10.5トン、全長9850mm、ホイールベース（前後輪）5300mm、車両総重量19725kg、変速はコンスタントメッシュ5段（副変速機付き）、エンジンはUD6型230馬力、タイヤは9.00-20.14PR。

ミンセイ6TW型トラクター。10トン積み6×4後2軸、UD6型230馬力エンジン搭載、最高速は90km/h、最小回転半径10.1m、非常用のデフロックを備えている。

93

は縦の一方通行(ユニフロー)になる。
　繭型をしたルーツブロアはスーパーチャージャーに用いられる容積型で、クランクシャフトからの動力がギアで伝えられる。
　シリンダーに挿入されるライナーはウエット式で、シリンダーの上部半分がウォータージャケットになっており、下半分がエアチャンバー(空気溜め)になっていて、掃気孔の切り欠きが上向きになっていて、ピストンが下降した際に勢いよくシリンダー内に送り出される。このライナーは特殊鋳鉄製で内壁にはホーラスメッキが施されている。
　噴射ノズルはシリンダーヘッドの中央にあり、その脇に排気バルブが2本ある。ピストンの頭頂部は浅皿型の燃焼室(ドーナツ型)になっている。
　2サイクルの性能を左右する掃気がスムーズになることなどで燃焼効率がよく、機構的にシンプルであるから発生馬力に対するエンジン重量は軽くなるというメリットのあるエンジンであった。トルクがあらゆる回転で変化の少ないことも有利な点であった。ボア・ストロークは110×130mmとどのエンジンとも共通のサイズで、3気筒のUD3型は3705cc、最高出力110馬力/2000回転、最大トルク42.5キロ/1300回転、4気筒のUD4型は4940cc、最高出力150馬力/2000回転、最大トルク56.5キロ/1300回転、ともに圧縮比16、エンジン重量は590キロ。
　リッターあたり30馬力というのは当時にあっては群を抜いた数値である。
　その後、5気筒200馬力、6気筒230馬力、V型8気筒の330馬力仕様などパワーアップされたファミリーエンジンがつくられて、性能向上競争に対応している。

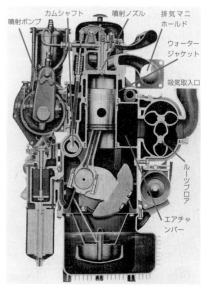

ユニフロー型2サイクルディーゼルエンジンの断面図。

掃気ポートを持ったシリンダーライナー。ポートは上向きにエアが入る形状になっている。

UD3型エンジン

UD4型エンジン

他メーカーのディーゼルエンジンとは異なる機構のUDエンジン。排気バルブをもつ2サイクルで主力は3気筒と4気筒。高出力用としてV型8気筒330馬力も後に登場する。

第3章
4大メーカーによる多様化の時代へ

（1960年代）

1950年代後半から始まった日本の経済成長により、輸送力が増大し、トラックの需要が大きく膨らんだ。そのために、効率の良いトラックが求められて、キャブオーバータイプが登場すると、一気に主流になった。最初の大型キャブオーバートラックは1959年に登場しているが、これは新しい時代のトラックであることから、前章の1950年代ではなく、この章で解説することにした。

1960年代は、どのメーカーも販売台数を伸ばすが、顧客の要望に応えるために車種構成を充実することに懸命になる。大型が得意なメーカーと中型を中心にしたメーカーといった特徴は、次第に見えにくくなり、すべてのクラスで同じような機種を揃えて販売合戦がくり拡げられていく。ライバルメーカーより性能の良いトラックにすることが重要になり、高性能にする競争が熱を帯びてくる。道路の舗装化が進み、高速道路が開通するようになると、その傾向に拍車がかかる。

輸送の増大による多様化の進展

●経済成長による活況の時代に

　1960年代になると、日本の自動車メーカーは急成長を遂げる。日本経済の成長が本格化し、その成長を支える役割を果たしたのが自動車産業であった。平均所得の伸びにより、個人でクルマを所有できるようになり、乗用車の伸びが著しくなって、トヨタや日産は乗用車の生産が主力となり、トラックの開発と生産が次第に副次的になっていく。

　いすゞや日野のように、技術提携により乗用車部門に参入したメーカーは、総合自動車メーカーになろうと独自に乗用車をつくり、それに搭載するガソリンエンジンも開発、活発に行動した。三菱は多くの製作所を持つ大企業であったから軽自動車から乗用車、トラック・バスとあらゆる分野の自動車をつくるメーカーとして、製作所ごとに役割分担がはっきりしていた。

　1960年代になってからは、普通車以上のトラックをつくるメーカーは、いすゞ、日野、三菱、日産ディーゼルの4社が中心になってシェアを分ける時代が始まった。1950年代の半ばには早くも、トラックの生産台数では日本は当時の西ドイツを抜いて、アメリカに次いで世界2位となった。日本は中小企業で使用する小型トラックの台数が多く、日本独特のトラックとして人気のあったオート三輪車が日本の経済成長につれて売り上げが鈍り、四輪トラックに移行していった。

　1960年代を迎えて普通車以上のトラックの分野でも大きな変化が見られた。戦後の貧しさを引きずった、とにかく輸送に使えるものであればよいという時代から、豊かになるにつれて、さまざまな要求が出されるようになり、それに応えるかたちで進化していったからである。

　変化を促した要因として、道路の舗装化の進展と高速道路網が整備されるようになったこと、長距離輸送の中心であった鉄道による貨車輸送が効率が良くなく輸送量の増大に対応できずに、それをトラックが引き受ける状況がつくられたこと、これを受けて、生産設備などを充実させた自動車メーカーが進んだ技術を投入して、性能の良いトラックを市場に投入したことなどである。

　とくに、長距離輸送に関しては、本来なら鉄道貨車による運搬のほうがコスト的に有利になるはずであったが、当時の国鉄は旅客列車の増

長距離を荷物を積んで負荷のかかった状態で走るトラックは信頼性の確保が欠かせない。そのために苛酷なテストが繰り返される。

第3章 4大メーカーによる多様化の時代へ（1960年代）

強を優先しており、戦前からの非効率な組織運営も手伝って、貨物輸送は、鉄道を頼りにしない傾向が一段と強められた。輸送コストは、国鉄の場合は貨物に等級があって運賃に格差があり、トラック輸送よりはるかに安価になるはずだがそうはならない面があった。しかも、輸送に時間がかかるから、道路が整備されて来るにつれて、トラックによる輸送が大きく伸びていったのである。

輸送量が増大するにつれて、トラックの大型化が進んだ。かつては5～6トン積みが主力であったが、8トン積みトラックが登場し、やがて10トン積みトラックが登場、1960年代の後半になると10トン車級の伸びが著しくなり、1969年（昭和44年）以降は8トン車に代わって10トン車のほうが多く販売されるようになった。

1960年代の後半になると高速道路があちこちで開通し、トラック輸送の重要さがさらに増した。それにより大型化・多様化がますます進んだ。

荷台を大きくするためにトラックのキャブオーバー化が進んだのもこれに対応している。ボンネットタイプのトラックも並行して販売されたものの、キャブオーバートラックが登場するとたちまちのうちに主流になった。1959年（昭和34年）に日野自動車工業が先陣を切ったが、すぐに三菱がこれを追いかけ、どのメーカーもキャブオーバートラックを登場させた。これを契機に、異なる使用条件に合わせた仕様のトラックを供給しようと、多様化が進行していった。

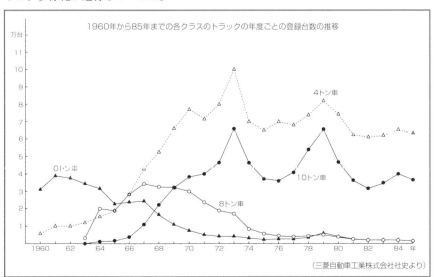

（三菱自動車工業株式会社社史より）

97

各メーカーの最初のキャブオーバー大型トラック諸元

メーカー名	発売時期	型式名	駆動方式	最大積載量	全 長	ホイールベース	乗車定員	エンジン性能
日野自動車工業	1959年 3月	TC10型	6×2前2軸	10トン	8,850mm	5,100mm	3名	150ps/2,400rpm
三菱ふそう	1959年 9月	T380型	4×2	8トン	8,220mm	4,700mm	2名	165ps/2,300rpm
日産ディーゼル工業	1960年10月	TC80G型	4×2	8トン	8,700mm	5,000mm	3名	165ps/2,200rpm
いすゞ自動車	1961年10月	TD70E型	4×2	8トン	8,210mm	4,700mm	2名	190ps/2,300rpm

●量産自動車メーカーとの違い

同時に、高速走行する機会が増えて、高速巡航のためにエンジン性能の向上が求められた。設計の古いエンジンを改良して使用してきたメーカーは、性能向上を図るために新しいエンジンに切り替えなくてはならなかった。また、当然のことながら、経済性が良いことが重要であることから、ディーゼルエンジンの比率が増えていった。

長距離輸送が増えるにつれて、長時間運転席にいても疲労が少ないことも重要な要素になった。故障なく走ることが優先された時代から、快適な居住空間を確保することや振動や騒音を抑えることが求められるようになった。

それだけトラックの技術開発には、多くの進化が求められたのである。

大型化が進めば、いっぽうで中短距離輸送に適した新しいタイプのトラックが必要になる。そのために小回りの利く経済性に優れたトラックが求められ、新しいタイプの中型トラックが登場する必然性があった。また、この中型と長距離大型トラックのあいだも大きな空間が生じるようになり、その中間の6～8トンクラスのトラックもニーズに合わせて登場する。しかし、全体の傾向としては大型トラックと4トンクラスの中型トラックとに需要が集中していった。

トラックが多様化すれば、それぞれにマッチした多様なエンジンのラインアップを揃えなくてはならない。10トントラックが主流になったことにより、従来以上に出力性能の向上が求められ、新しいタイプのエンジンが各メーカーによって開発された。しかし、出力を向上させても燃費が悪化することは避けなくてはならなかった。長距離・大量輸送時代を迎えるに当たって、これまで以上に燃費性能の良いエンジンが求められるようになった。そのため、予燃焼室式や渦流室式など副室をもったタイプのエンジンが主流であったが、1960年代の後半になると、燃費の良い直接噴射式エンジンが相次いで登場するようになった。

多様なニーズに対応するために、同じ10トン車でもホイールベースや荷台の長さの異なるトラック、さらに前後の車輪数を変えるなど、多くの機種を揃えなくてはならないトラックメーカーは、量産することよりも、共通の部品を使用しながら多様化を図るという手法をとらざるを得なかった。量産志向の強い

トラックの大型化によりトラックターミナルの重要性が大きくなった。

第3章 4大メーカーによる多様化の時代へ（1960年代）

乗用車とは、設計だけでなく生産設備でも大きな違いがあり、同じ自動車メーカーといっても方向は大きく違うようになった。

日本の大型トラックメーカーは4社あるので、その競争が激しく、技術進化はどの国よりも早く、1960年代にはいる頃には欧米のものに負けないだけの性能になっていた。

カーフェリーからの荷物を受け取るトラック。

● トラックの車両規定

日本のトラックは、法規によってさまざまな制約が設けられていた。それが日本のトラックの大きな特徴にもなっていた。

トラックの大きさは、全長が12m以下、全幅が2.5m以下、全高は3.8m以下、最小回転半径12m以下と決められていた。こうした規定は、道路が狭いことやトンネルや橋梁を通らなくてはならないことなどで、欧米よりおおむねきつい制限になっている。機動性が求められて、車両全長に対してホイールベースを短くして回転半径を小さくするなどの工夫が凝らされている。同時に、タイヤサイズやタイヤのステア角も回転するのに有利になるようにしてある。

重量に関する規定では、車両総重量は20トン以下、軸重10トン以下、輪重5トン以下となっている。その後緩和されていくが、この規定では大型トラックの最大積載量はほぼ12トンが限度になる。

また、車両総重量は20トン以下で軸重10トン以下ということであれば、アメリカやヨーロッパに見られる4軸にするメリットはないことになる。したがって、積載量10トンクラスのトラックでは前2軸、あるいは後2軸の大型トラックとなる。トラクターなどはトレーラーを牽引するので規定では20トンの積載も可能だが、15トン積みあたりが、この時代の限度であった。その後、4軸車も登場するようになるが、これはタイヤサイズを小さくして荷台を低床化するためであった。

性能に関しても馬力算定基準が設けられている。普通のカーゴトラックの場合、3%勾配の登坂路で時速60キロのスピードで走ることのできる出力が要求されている。

これは、トラック専用道路のない日本では、他の交通の妨げにならないようにという配慮である。この馬力算定基準は車両総重量の100分の1馬力に15馬力を足したもの以上の出力でなくてはならない。つまり、総重量10トンの

コンテナー輸送のトラック。貨車からそのまま積載できるので輸送の効率化に大いに貢献した。

99

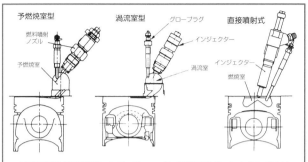

予燃焼室型と渦流室型は、シリンダーヘッドに副燃焼室を持つタイプで、着火が容易であることから、古くから多くのエンジンに採用されていたが、燃料消費という点では直接噴射式に劣っていた。燃費性能の向上が重要になって、次第に直接噴射式が増えていくが、そのためには燃焼を促進させる技術が必要だった。

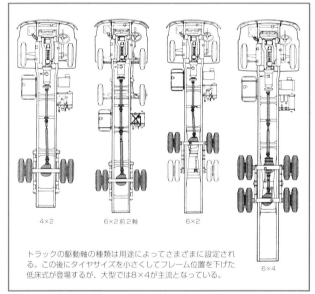

トラックの駆動軸の種類は用途によってさまざまに設定される。この後にタイヤサイズを小さくしてフレーム位置を下げた低床式が登場するが、大型では8×4が主流となっている。

トラックの場合は100馬力に15馬力を足して115馬力以上の性能にする必要がある。多少の余裕を持たせて当初はトン当たり12馬力が日本の大型トラックのエンジンになっており、海外のトラックに比較してエンジン出力が大きかった。

また、加速性能の規定もある。加速性能が一定の基準以上になるように定めたもので、エンジントルクと減速比を掛けた数値をタイヤの有効半径と車両総重量を掛けた数値で割った値が標準トラックでは0.042以上、特装車などでは0.038以上にならなくてはならない。この数値以下になると、積載重量を少なくしなくてはならないからギア比に無理が生じる場合がある。加速性能を優先して高速でのスピードが抑えられることになり、不自然なギアの設定になるわけである。

　海外にはあまり出力のないエンジンを搭載したトラックでも車両総重量の大きいものがあるが、日本ではこうした性能による基準があることで、出力が大きいエンジンが搭載される傾向が強かった。

　しかし、高速道路を使用する長距離トラックが多くなってくること、各メーカー間の競争が激しくなってくることなどで、エンジン出力は規定を満たすことを配慮した時代は短く、高出力化競争が始まるが、それにつれて燃費が悪化することは避けなくてはならず、燃費性能を良くすることも重要になっていく。

■第3章 4大メーカーによる多様化の時代へ（1960年代）

|日野自動車工業|

先進的なトラックの登場

●トヨタとの提携

　少数精鋭主義で成長してきた日野自動車工業は、販売が好調に推移したことで、従業員が大幅に増えるとともに、乗用車部門への進出などで、1960年代になると莫大な資金を投入して工場の建設を実施した。

　戦後300人で再スタートした日野は、1949年（昭和24年）になると従業員は1000人を超え、ルノーと提携してからはさらに増えて、1956年には3000人に達している。1960年代に入るとさらに増えて、1964年には6900人となっている。

　それだけ、規模が大きくなり、総合自動車メーカーになろうとする意欲が強かった。1961年（昭和36年）にはルノー4CVに替わる独自設計の乗用車コンテッサを登場させた。しかし、RR方式であることと、乗用車をつくるノウハウが少ないことで、結果として過剰投資となり、乗用車に進出したことが経営を圧迫した。

　通産省では、乗用車の貿易自由化が近づいており、多くのメーカーが競合することで大量生産のメリットを生かせない状況にならないように、メーカーの提携などにより乗用車メーカーの数を少なくする方針を打ち出していた。

　乗用車部門の伸びが今ひとつであった日野自動車工業は、三井銀行の仲介もあって、トヨタ自動車工業とのあいだで提携交渉が1960年代の半ばから続けられていた。日野のほうは苦戦している小型車の分野で提携したかったが、トヨタでは競合する車種を抱えていることで難色を示していた。

　そこで、長い交渉の末に日野自動車工業が乗用車部門からの撤退を条件にしたことで、トヨタ自動車工業が提携することに合意したのである。大型トラック・バスを中心とすれば、日野の持つ小型車部門の工場設備を利用してトヨタのトラックや乗用車をつくれるから、トヨタにもメリットがあった。これにより、日野で開発した小型トラックのブリスカは、トヨタ・ブリスカとして移管されることになった。

　日野自動車工業では、再び普通車以上のトラックとバスを開発する従来のあり方のメーカーに戻ったのである。提携した直後に日野の従業員がトヨタの工場に研修に行って、トヨタの工場の作業が合理的で能率的になっていることに大変驚いたようだった。量産することを前提にスタートしたトヨタと、手づくりで大型車を始めたメーカーである日野の企業風土との違いもあった。

●日野自動車工業の大型トラック

　時代を先取りした長距離トラックTC10型

トラックターミナルにおけるHG300型セミトレーラー用トラック。

101

を発売したのは1959年(昭和34年)3月である。本格的なトラック輸送時代を見越した10トン積みキャブオーバータイプで、この成功により日野自動車工業はトラックメーカーとしての地位を不動のものとしたということができる。

日本で最初の大型キャブオーバートラックであったこと、10トン積みであったこと、前2軸というそれまでにない機構を持っていたことなどで、大型トラック部門でリードするきっかけをつくった。

それまで日野自動車工業でつくっていたのは8トン積み以下の大型トラックであった。もともと7トン積みをベースに足回りな

日本最初の大型キャブオーバートラックとして1959年に登場した10トン積みTC10型トラックは、前2軸という日本では例のない機構で1958年の全日本自動車ショウで発表され、翌年3月に発売された。全長8850mm、ホイールベース5100mm、荷台長さ6750mm。他のメーカーとは異なる行き方を示した画期的なトラックだった。

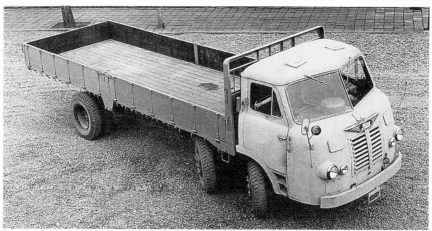

第3章 4大メーカーによる多様化の時代へ（1960年代）

どを強化して積載量を増やしたもので、これ以上増強するには新しく設計から始めなくてはならなかった。

積載量を増やすために日野自動車工業が選択したのは、前輪を2軸にして後輪を1軸にした機構のトラックであった。外国でも前2軸のトラックは例が少なかった。日野が最初につくったのがトレーラートラックであったことによるアイデアで、その機構をトラックに取り入れたキャブオーバータイプのトラックである。

問題は、前輪が突起などに乗り上げた際、前か後ろのどちらかが浮いた状態になったときに着地している車輪のほうに2軸分の負荷がかかることで、それがトラブルにつながらないかということだった。2軸間の間隔を極力短くしたことで、テスト走行で問題が発生しなかった。

2軸の前輪はパワーステアリングにより連動してステアするのでドライバーの負担を大きくするのを防いでいる。それでいて、後輪の2軸車と同程度の積載量にすることができ、荷台が大きい割に回転半径を小さくできること、荷物を積んだときの重心が後方にならないので走行安定性がよいことなどの特徴があった。

巻き上げ装置で前傾させるチルト式キャブにしている。試作車では、前傾をくりかえすとキャブがひねられてしまうトラブルが出て、途中から固定式にして開発が続けられた。しかし、発売するまでにはチルト機構の問題を解決し、計画通り発売することができ、整備性にも優れたものになった。特装車としてタンクローリーや消防自動車などに応用でき、新しい市場を開拓するのに成功している。

この前2軸10トン積みトラックは、1962年（昭和37年）2月にはマイナーチェンジを受けてTC30型になっている。このマイナーチェンジは、やがて来ようとしている高速走行

TC10型は1962年には新エンジンを搭載してマイナーチェンジが図られてTC30型になった。キャブスタイルも大きく変わり、全長9005mm、ホイールベースは同じであるが荷台長はわずかに大きくなっている。

前2軸のTC30型カーゴトラックは1968年6月にモデルチェンジされTC320型となった。11トン積みとなり、ホイールベースは6000mm、荷台長も8030mmに拡大された。当初は30型と同じ195馬力だったが、その後パワーアップされたエンジンが搭載された。

103

時代を見据えて、新しく開発したDKシリーズエンジンを搭載するためであった。それまでの8トン積みトラックと同じDS30型150馬力エンジンでは、10トン積みにはアンダーパワーだったのだ。新エンジンは195馬力となっている。

8トン積みのTH型ボンネットトラックをキャブオーバータイプにしたTH80型も、同じく1962年2月に発売された。TC30型と部品の共通化を図ったのはもちろんだが、荷台長さが6.15mとボンネットタイプより1.23m拡大されて、長尺ものの運搬に便利になった。搭載するDS50型エンジンも進化して160馬力にアップしている。

このときのTC30型とTH80型の両トラックはオールプレス製のキャブとなり、長距離輸送に使用するユーザーからの要望に応えたものであった。オプションでベッド付きキャブが用意された。

前2軸のTC型トラックは、1968年(昭和43年)6月にはモデルチェンジされて11トン及び11.5トン積みのTC300型となり、ダンプト

TC30型とキャブスタイルなどを共通にした8トン積みトラックTH80型。全長8575mm、ホイールベース4800mm、エンジンは160馬力のDS50型を搭載する。

1965年2月に発売されたキャブオーバーフルトラクターKA300型。最大積載量8トン、車両総重量14050kg、195馬力DK10型エンジン搭載。

同じく8トン積みKB340型トラック。1967年9月に発売、エンジンは175馬力EB100型となり、ホイールベース5300mmにして荷台も大きくなっている。

第3章 4大メーカーによる多様化の時代へ(1960年代)

1967年に発売されたKF721型トラック。後2軸トラックとして1967年に登場したKF700型のモデルチェンジ版である。全長11090mm、ホイールベース6150mm、11.5トン積み車両総重量19620kg、エンジンはDK10T型260馬力を搭載した。

ラックはTC301D型になっている。このときにはサスペンションスプリングやブレーキなどが強化され、エンジンは205馬力にアップされた。

また、8トン積みのTH型のうちキャブオーバータイプは1965年にモデルチェンジされてKA300、1967年にKB340型になり、ボンネットタイプのTH10シリーズは1968年6月にKB100型、KB120型になった。これらのトラックには新設計の175馬力EB100型エンジンが搭載された。

日野自動車工業が後2軸トラックKF700型シリーズをバリエーションに加えるのは1967年(昭和42年)4月からである。11.5トン積みのカーゴトラックで、最初はホイールベースの異なる2機種で、エンジンはDK10型ターボの230馬力を搭載、もちろんキャブオーバータイプである。

これは、2年後の1969年(昭和44年)9月に早くもモデルチェンジを受けている。このときに中型トラックを含めて、日野トラックのキャブスタイルのイメージを共通にして、一斉にモデルチェンジしたからである。

このときからフロントガラスは左右に分

大量・高速輸送という時代のニーズに対応して1966年に登場したセミトラクターHE300型。ホイールベースは3200mm、8.5トン積み。これが1970年にモデルチェンジされて8.5〜9.5トン積みのHE301型となり、エンジンも195馬力から260馬力となっている。

フルトレーラー用トラクターKG300型。1968年6月に登場、6×2、10.5〜11トン積み。HG300と同じキャブ。

105

セミトレーラー用トラクター6×4のHH700型。1969年9月デビュー。このときから大型トラックとトラクターのキャブスタイルが統一されたイメージとなった。12.5～15.5トン積みという最重量級、車両総重量19585kg及び23290kg、DK10T型ターボ260馬力エンジン搭載。

割されていたものから、1枚ガラスになっている。機能を重視したデザインや快適性に関して、時代を先取りしようとする意志のもとに、長期的な展望にたった開発が行われたのである。

　室内も広くなり、ベンチレーション、3連ワイパー、クラッチやミッションの操作性の向上、外周突起物をなくして歩行者への損傷事故の軽減、整備性の向上など、新時代に対応した開発だった。エンジンは260馬力にアップされたDK10T型ターボエンジンも投入されている。前2軸のTC型トラックやボンネットタイプのZM型も同様の狙いで、モデルチェンジされている。

＊

　セミトラクターの分野で実績のある日野が、キャブオーバータイプの大型セミトラクターHE300(4×2)を発売するのは、1966年(昭和41年)11月である。第5輪荷重8.5トン、ホイールベース3200mm、DK10型195馬力エンジン、ボンネットタイプのセミトラクターHE100型に対してトレーラーの全長を短縮して取りまわし性をよくしている。

　同じく第5輪荷重8.5トンのHG300型は昭和飛行機で製作されたキュービックスタイルのキャブが特徴で、280馬力のEA100型エンジンが搭載されて、1968年(昭和43年)6月から戦列に加わっている。

　セミトラクターHG型と同時に投入されたフルトレーラートラックKG300型(6×2)も、同じキャブになっている。また、6×4のセミトラクターHH700型はDK10T型260馬力で第5輪荷重12トン及び15.5トンで、1969年(昭和44年)9月に登場している。いずれも、大量・長距離輸送に対応したものである。

都市内を走る中型トラックとして企画されたKM300型レンジャートラックは1963年に登場。車幅は2000mmを切るようにしており、変速機はフルシンクロ、当初は90馬力だった。

第3章 4大メーカーによる多様化の時代へ（1960年代）

3.5トン積みKM型レンジャー。左がKM300型で全長5910mm、ホイールベース3300mm、右がKM340型で全長6685mm、ホイールベース3800mm。

●中型トラック日野レンジャーの発売

　大型トラックから出発した日野自動車工業は、次には小型車部門に進出し、その後に中型トラックを開発している。

　3.5トン積みのトラックKM300型が1963年（昭和38年）10月、乗用車のコンテッサSと同時に赤坂プリンスホテルで盛大に発表された。翌1964年1月に、ペットネームを「レンジャー」にすることを発表し、7月から発売が開始された。会社や団体などの送迎用のマイクロバスと共用のエンジンを使用して開発されたもので、普通免許で乗れる中型トラックであることをアピールした。全長5910×全幅1990×高さ2300mm、ホイールベース3300mm、車両総重量6400kg、荷台長さ4250mm、直列6気筒90馬力エンジンであった。

　他メーカーのこのクラスのトラックは4トンになっていたので、3.5トンのレンジャーは苦戦を強いられた。途中からダブルキャブ車、塵芥車、道路補修車などもつくられたが、販売は低迷した。

　そこで、新しい中型トラックの開発が始まった。総重量8トン未満で積載量4.5トンにすれば、普通免許で運転することができる最大のトラックになる。個性的なスタイルにして豪華なキャビンにすること、ゆとり

のあるエンジンにすることなど、3.5トン積みKM型の反省を生かした計画でレンジャーKL型の開発が1966年頃から進められた。

　発売は1969年（昭和44年）1月で、全長6740×全幅2180×高さ2360mm、ホイールベース3740mm、荷台長さ4500mm、EC100型130馬力エンジンである。この年の4月にホイールベースを広げて荷台を5200mmにしたKL340型を、7月には長尺荷台6150mmにしたKL360型を発売してシリーズ化した。このとき3.5トン積みKM型もモデルチェンジされ、4トンのダンプトラックKM320D型が追加された。

　このKL型の生産に合わせて、工場は拡充整備された。小型車の生産はトヨタ車もつ

1969年に4.5トン積みとして登場したKL340型トラック。エンジンも130馬力となっている。車両総重量7850kgとして、普通免許で中型トラックに乗れることを可能にした。下は、バリエーションとして用意された4トン積みKL360型トラック。

107

くる羽村工場に移り、中型用エンジン工場、キャブ組立工場、リアボディ組立工場が新設された。コストの厳しい中型トラックの分野で競争力を付けるためには、量産効果をあげる必要があった。

● 日野トラック用エンジンの開発

日野自動車工業の1960年代の新型エンジンは、大型トラック用で直列6気筒とV型8気筒の2種類、中型用では直列6気筒2種類である。日野自動車工業が、エンジンバリエーションのなかに比較的早い段階からターボ過給エンジンを投入したのは、10トン積み前2軸トラックTC10型の重量が7200kgあったからである。ターボを装着したDS50T型は、自然吸気の150馬力に対して200馬力を発生した。しかし、1950年設計のDS型シリーズでは、高速走行時代の大型トラック用としては、重くてパワー不足であることは明瞭だった。

〈大型用直列6気筒DK10型シリーズエンジン〉

そこで、高速道路時代が来ることを予期して8～10トントラック用の新型エンジンとして開発したのが予燃焼室式の直列6気筒DK10型である。性能目標は、95km/hでの巡行走行を可能にして、登坂性能をよくし

て、重量物運搬時に80km/hで走行できることで、排気量は10リッター、自然吸気で195馬力、ターボ装着で230馬力と決められた。バス用としては、直列6気筒を横に寝かせて搭載するDK20型が同時開発された。冷却性能を上げ、オイルクーラーが設置されている。小型ターボユニットは石川島播磨製である。

市場に投入されたのは1962年(昭和37年)であるが、信頼性という点ではまだ未解決な部分が残って、思ったように性能が上げられなかった。

発売されるとすぐに根本的な解決を図るために再設計されて大幅な改良が加えられた。シリンダーブロックは精密な鋳造法にして肉厚のバラツキをなくし、吸排気系を改良、ピストン形状を見直して冷却のためにオイルジェットを設置するなどの対策が採られた。これにより、自然吸気で205馬力/2300回転、ターボ装着で260馬力/2300回転となった。この改良されたエンジンはDK10K及びDK10KT型と称された。ターボチャージャーはアメリカのギャレット製になって小型化された。

〈大型トラクター用V型8気筒EA100型エンジン〉

大型トラクター用の大排気量エンジンと

1962年に195馬力として誕生したDK10型エンジン。は、1966年にターボ化され230馬力となった。1967年に改良されてDK10K及びDK10KT型となり、205馬力、260馬力に性能向上した。

高速トラクター用として1967年に誕生したEA100型エンジン。日野で最初の直接噴射式エンジン。シリンダーヘッドはアルミ合金で1気筒あたり4バルブという意欲的なエンジンだった。

して260馬力という性能にするために13リッターにしたV型8気筒がEA100型である。燃費性能をよくするために直接噴射式にし、ボアを大きくした仕様にしている。

直接噴射式エンジンは、大型トラック用では日産ディーゼルの2サイクルという特殊なものを除けば、日本ではこれが最初である。インジェクターは燃焼室の中央に配置され、OHV型でありながら1気筒あたり4バルブとなっている。

シリンダー内に燃料を直接噴射してうまく燃焼するように吸気ポートはスワールを発生する形状にして、シリンダーヘッドはそれぞれのバンクごとに独立した一体型、シリンダーブロックはウエットライナー方式、Vバンク角は90度である。冷寒時の始動性をよくするために軽油による吸気加熱システムを採用している。ボアが大きいために、最適な燃焼室形状を見つけるのに苦労し、さまざまなテストと試行錯誤がくり返された。

1967年(昭和42年)に市販されたときは280馬力となっていたが、1970年代の早い時期に新型エンジンに道を譲ったことから考えると熟成されたエンジンとはいえなかったようである。

〈中型トラック用DM100型及びDQ100型エンジン〉

1960年代に中型トラック部門に参入した日野自動車工業は、搭載するエンジンも新し

く開発している。

最初の直列6気筒4313ccDM100型は、90馬力を目標にした。これは最高速が95km/h、登坂能力tan θ が0.28となることで決められた。3200回転と比較的高回転であったが、ボア・ストロークは90×113mm、できるだけシンプルで軽量になるように配慮された。性能は95馬力/3200回転、トルクは25キロであった。このエンジンは1970年にボアを2mm拡大してDQ100型となり、最高出力は105馬力で、しばらくはDM型と2本立てだったが、最終的にはDQ型に集約された。

〈中型用直列6気筒EC100型エンジン〉

中型トラックは4～4.5トン積みが主流になり、なおかつ6～7トン車までカバーするエンジンが求められるようになった。KM型に搭載されているDM100型ではパワー不足となり、4.5トン積みのKL型に搭載するEC100型エンジンが開発された。

直列6気筒、予燃焼室式、ウエットライナー方式である。耐久性の確保のためにシリンダーブロックはシェルモールド工法による精密鋳造を採用、吸排気バルブ用のシートリングを装着、オイルクーラーを設置、オイルフィルターやエアクリーナーも信頼性の高いものにしている。最高出力130馬力/3200回転で、幅広く中型クラスのトラックに搭載された。

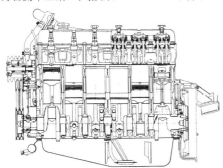

直列6気筒DM100型エンジン。中型トラック部門参入のために開発されたもので95馬力だった。

4.5トン積みKL型レンジャー用に開発されたEC100型エンジン。軽量化と信頼性獲得をめざした。

三菱ふそう

大型トラックの拡充と中型のヒット

　財閥解体により3分割されていた三菱の重工業部門が合併して三菱重工業になるのは、1964年(昭和39年)6月である。それ以前から東京自動車製作所のうち、川崎工場がバスとトラックの生産を、丸子工場が特殊車両と建設機械を受け持っていた。

　三菱重工業の自動車部門として活動することになるのにともなって長期計画が立てられ、それに基づいて東京製作所は工場の設備などを一新した。当初は大型トラックと中型トラックの混流による組立ラインが設置されていたが、増産を図って別の組立ラインとなり、外注していたキャブも内製化されるようになった。また、新開発のDC型エンジンの製造は新しい設備で量産を可能にした。

　ふそうトラック部門では、戦後は8トン積みが中心だったが、1950年代には5トン前後の中型トラックの占めるシェアが大きかったことから、このクラスへの参入計画が立てられた。1964年(昭和39年)10月に中型トラックT620型がつくられ、積極的に中型クラスに参入を図った。これが成功して三菱は中型トラック部門で他社をリードした。

　主力となる大型トラックの分野も三菱のシェアは1964年に15.1%だったのに対し、1970年には24.6%にまで伸びている。

●三菱の大型トラック

　1959年(昭和34年)9月、日野自動車工業に半年遅れて、大型キャブオーバートラックT380型が登場する。これは、同じ8トン積みボンネットタイプのT330型をベースにしたもので、三菱はオーソドックスに後2軸が先であった。ボンネットタイプよりキャブ全長を短くできるので、その分荷台を長くしている。ドライバーのシート位置が高くなり、視界が良くなった。従来からのエンジンを改良したDB31型エンジンはこのときに165馬力に向上して搭載されている。

　たちまちのうちにキャブオーバータイプのトラックが主力となり、装備の充実が図られていく。

　まずエンジンのパワーアップが必要だった。そこで165馬力のDB31型エンジンにターボチャージャーを装着して220馬力にした

1963年ころの川崎工場の全景。ふそうトラックの生産拠点である。

東京自動車製作所のトラクター及び特装車生産ライン。戦時中の戦車用空冷ディーゼルエンジンもここでつくられた。

第3章 4大メーカーによる多様化の時代へ(1960年代)

DB34型エンジン搭載の11.5トン積みキャブオーバートラックT390型が発売された。最初のキャブオーバートラック登場の3か月後である。

従来からのボンネットタイプトラックもモデルチェンジが実施され、4灯式ヘッドライトの採用などで見た目を一新し、8トン積みT330型、7.5トン積みT335型、6.5トン積み410型、6.5トン積みダンプT410D型、トラクタータイプのT350型である。1966年(昭和41年)10月、6.5トン積みのT480型がキャブオーバートラックシリーズに加えられた。

キャブオーバートラックがモデルチェンジされるのは1967年になってのことである。シャシーやキャブなども大幅に改良された。このころは大型キャブオーバータイプのトラック市場は激しい競争が繰りひろげられており、車種も揃える必要があった。このときには各車種により登場する時期にずれがあった。

新開発のV型6気筒エンジンを最初に搭載した前2軸のT910型トラックは、1967年(昭和42年)4月に発売された。高速による大量輸送という時代のニーズに合わせて、軸重配分に優れ、かさ物輸送を中心としたキャブオーバータイプの前2軸トラックを戦列に加える必要があった。

8トン積みのT380型がT810型となり、8DC型230馬力エンジンを搭載した。このとき後

キャブオーバータイプのT380型のベースとなったT330型ボンネットトラック。旧モデルと比較するとノーズ部分がかなり低くなっている。

オーソドックスな最初のキャブオーバー大型トラックとして登場したT380型トラック。1959年東京全日本自動車ショーで発表された。

T380型に次いで1959年12月から生産を始めた6×2後2軸、11.5トン積みT390型トラック。大型キャブオーバータイプを揃えてふそうは販売を伸ばした。1962年にはDB34型ターボエンジン(220馬力)も搭載された。これが三菱ふそう最初のトラック用ターボエンジンである。

111

1967年11月に登場した12トン積みT951型トラック。大型化が進むなかでふそう大型トラックの主流となった。

1968年に発売された6×4、11トン積みふそうT931型トラック。後2軸駆動で悪路走破性及び重量物運搬を目標に開発された。

軸重配分にすぐれた前2軸キャブオーバートラックとして、1967年に登場したふそうT910型。11トン積みで6DC2型200馬力エンジンを搭載。

2軸6×2のT951型やダンプなど11〜12トン積み大型トラックをラインアップした。これらのトラックの販売は好調で、1968年(昭和43年)4月には大型トラック・バスの累計生産が10万台を超えた。

さらに、1968年(昭和43年)になると東名高速道路の全面開通をにらんで、これに合わせてフルトレーラーやセミトレーラーを次々に投入する。1968年9月には、輸送力の増大を求める声に応えてセミトレーラー牽引用トラ

1967年にT380型の後継として登場した8トン積みT810型トラック。T910型と同じ200馬力エンジンを搭載して最高速115km/hを誇った。キャブスタイルを一新、3人乗りの室内も快適性を増し、ドライブ操作も向上している。ホイールベースは4700〜5700mm、荷台長6000〜7340mmとなっている。

第3章 4大メーカーによる多様化の時代へ(1960年代)

●三菱の中型トラック

水島自動車製作所でつくられた2.5〜3トン積みトラックのジュピターT10&11型は、1964年(昭和39年)にT30型としてモデルチェンジが図られた。積載量は3.5〜4トンになり、バリエーションを増やしたが、すでに時代はキャブオーバータイプ全盛になっており、ボンネットタイプのままでは古くさいイメージとなっていた。

そこで、1年後の1965年にキャブオーバータイプのジュピターT40型を発売した。しかし、ジュピターは1967年の年間1万台を超えた販売台数をピークにその後急速に落ち込んで、1972年にはいったん販売は中止されることになった。

三菱の中型トラックの主流になったのは、1964年(昭和39年)10月に発売されたT620型である。この企画は1955年と早かったものの、小型ディーゼルエンジンなどの開発が先行したために、開発が遅れていた。新開発の直列6気筒110馬力の6DS1型ディーゼルエンジンを搭載して4トン積みキャブオーバートラックとして登場した。

この4トン積みトラックの最初の試作は1961年(昭和36年)に完成していたが、このと

高速輸送時代を迎えて開発されたふそうのトラクター及びトレーラー。上からT811AR型トラックトラクター、T911Q型フルトラクタートレーラー(前2軸)、96トン牽引力をもつトレーラーW122型。

クターとして、キャブオーバータイプのT811AR-CA型とボンネットタイプのT800FR型が登場、1969年2月には前記の230馬力エンジンに代わる265馬力で89キロという大きなトルクを持つエンジンを搭載したT811ARA型が追加され、さらに前2軸のフルトレーラーT911KP型も登場している。

キャブオーバータイプの大型は共通のキャビンを持ち、平行リンク式ワイパーにしてアーム長を大きくとって雨の日の視界を良くしている。

三菱のもうひとつの中型トラックT40型ジュピター。3.5トン積みで、1965年7月にキャブオーバータイプとなり、その後も改良が加えられたが、ボンネットタイプほどの人気は出なかった。

4トン積みの中型トラックT620型は1964年に発表された。余裕のあるエンジン性能とボディによりユーザーの要求にマッチして中型トラックのベストセラーとなった。

113

きには小型トラックキャンターの直列4気筒エンジンを6気筒にした6DQ型102馬力エンジンを搭載していた。

しかし、長距離輸送に関しても考慮した4トントラックには小排気量で回転馬力を優先したエンジンではパワー不足であった。そこで、試作していったん棚上げされていたXGエンジンをボアアップして95×110mm4700ccの余裕のあるエンジンにして搭載された。荷台の長さも4270mmで6トン積みトラックに匹敵する長さになり、ホイールベースも延長された。キャブも4灯ヘッドライトにするなど試作車をリファインした。

このT620型トラックは、普通免許で運転できる最大の積載量であったこと、乗車定員が2人が普通であったところ3人になっていたこと、オーバードライブが付いていて小回りが利いたこと、荷台が低く荷物の積み降ろしが楽なことなどで好評だった。

1965年（昭和40年）2月には長尺車T622型、4月にはダンプ車T625D型が追加された。さらに、1969年になると普通免許で運転できる最大積載量を4.5トンに増やしたトラックが日野自動車工業から発売されたのを受けて、三菱でも5月に長尺荷台のものを含めて積載量を増やし、T630型としてシリーズの充実が図られた。

なお、水島自動車製作所ではジュピターの小型トラック版として2トン積みのジュピタージュニアを1963年（昭和38年）4月に発売したが販売が不振で、1968年に生産がうち切られたことにともなって、東京自動車製作所でつくられていた小型トラックのキャンターが水島製作所に移管して生産されることになった。これで、東京自動車製作所は大型と中型のトラック・バスを生産することになり、三菱のトラック部門の棲み分けが明瞭になった。

● 三菱トラック用のエンジン開発

大型トラック用のエンジンは、長らく直列6気筒の6DB型を使用してきたが、新機構のV型エンジンDC型が後継になった。

これはボア・ストロークを共通にして、V型6気筒から始まり、8、10、12気筒と気筒数を増やすことで出力を大きくしたものであった。これにより、共用できる部品が多くなり、また改良するにも容易に対応することができる。こうした幅広く使用できる手法は、エンジンの設計・生産に多くのノウハウを持つ三菱ならではの手法である。

〈V型6～12気筒DC型エンジン〉

DC型エンジンは高性能が要求されるようになるとともに、キャブオーバータイプの

ふそう最初の中型トラクターT626型。1967年に登場、T620型がベースになっており、キャブなどは共通である。

1965年に発売された長尺車のT622型。

第3章 4大メーカーによる多様化の時代へ（1960年代）

トラックやバスに搭載するために軽量コンパクトにする必要があった。そのために高回転が容易になるようにストロークを短くしてピストンスピードを低く抑え、フリクションロスの低減も図られている。ボア・ストロークは130×125mmとストロークを短くしたのが特徴である。

V型のバンク角は90度にしたことで、エンジンの幅は直列6気筒DB型の倍になったが、全長はV型6気筒では200mm短くなっている。

吸排気通路は各気筒ごとに独立したものになって吸排気効率が向上し、OHV型となり、吸排気バルブのシートにはバルブリングが挿入されて耐久性の向上が図られている。6気筒の6DC2型は9955ccで200馬力/2500回転、8気筒の8DC2型は13273ccで265馬力/2500回転、圧縮比はともに18に上げられている。なお、V型12気筒は19910ccとなり、最高出力は400馬力/2500回転で、1968年に高速バスに搭載された。

このエンジンは実績のある予燃焼室式を採用したが、1974年（昭和49年）に直噴式にされ、必要に応じて改良が加えられて1980年代までの大型バス・トラックの主力エンジンとして使用された。

〈中型用6DQ型及び6DS1型エンジン〉

三菱が開発した小型ディーゼルエンジンでは、最も小さいのは1500ccの直列4気筒4DP型であった。これをベースに2000ccにした4DQ型がキャンタートラックに搭載された。

このエンジンを6気筒化して3000ccにして102馬力/4200回転にした6DQ型エンジンを東京自動車製作所で開発した4トン積みトラックT610型に搭載して試作が進められたのは、渦流室式燃焼室にしたこのエンジンが予想以上に高性能であったからだった。

そのために、予燃焼室を採用した6気筒で90×110mmのボア・ストロークを持つXG型の開発を一時中断したのである。

しかし、試作車の改良を進めるうちに高回転で馬力を稼ぐタイプのエンジンでは、将来的なパワーアップ競争に耐えられるものにならないと、6DQ型を使用しながら、別のエンジンも開発することになった。つまり、XG型エンジンのボアを90mmから95mmに拡大し4700ccにした6DS1型を新しく投入することに決めたのだった。したがって、中型クラスのふそう系トラックのディーゼルエンジンは2種類の異なる設計のものになっている。

1967年にふそう910型トラックに搭載されてデビューしたV型6気筒の6DC2型エンジン。これは200馬力であるが、シリーズにV8とV12などがある。

ふそうT620型トラックに搭載された直列6気筒6DS1型エンジン。最高出力110馬力/3200回転、最大トルク28キロ/2000回転、4700cc。

115

いすゞ自動車

新しい需要の対応に追われる開発

●長期計画と工場の充実

　ディーゼルエンジンの開発で優位に立ったいすゞ自動車は、1950年代の主流だった5～6トン積みトラックの分野で先行、1959年(昭和34年)秋までに6トン積みTXD50型、6.5トン積みTXD70E型として相次いでキャブオーバー型トラックを発売した。いずれもボンネットタイプをベースにしたものであった。しかし、時代が進むとともに大型の10トンクラスと中型の4トンクラスの2分化が進んだことで、1960年代に入ってからは大わらわで対応せざるを得なかった。

　イギリスのルーツ社と提携してヒルマンを国産化したいすゞは、1961年(昭和36年)にはベレルなど自前の設計による乗用車をつくり、他のメーカーにない特色を出そうと、それに搭載するディーゼルエンジンの開発を手がけた。

　さらに、大型トラックや中型トラックに対する新しい要求に応えるために新エンジンの開発、乗用車用を含めた生産設備の充実など多くの問題に対応するために、いすゞでは長期計画を立てて、トラック生産の川崎製作所の工場の拡張と新しく乗用車生産のための藤沢工場を建設した。

　その後、大型トラックの将来計画を立てて、市場の変化に対応した。いすゞの1950年代を支えた6トンクラストラックの市場が冷え込んで、10トンクラスが活況を呈する見通しになったことで、6トントラックの設備を大型用に転用するとともに、それまで外注していたトランスミッションなどを内製化する計画が立てられた。

　いすゞは、ヒルマンのボディ組立を外注したほか、トラック用エンジンも川崎航空機に製造の一部を委託しており、自動車メーカーのなかでは内製率は高いほうではなかった。

　また、1963年(昭和38年)10月には日本軽金属と共同出資による軽合金トラックボディやトレーラーを製造する「日本フルハーフ」を設立している。神奈川県厚木市に工場を建設して、いすゞ製トラック用のアルミ合金のバンの架装、バン型セミトレーラーの製造などをするもので、日本軽金属がその製造に関してアメリカのフルハーフ社と技術提携した。これは、高速自動車道の整備にともなう需要に対応したものである。

　いすゞは乗用車部門では苦戦した。乗用車では高級感が求められて、肝心のディーゼルエンジンを搭載したベレルも魅力のないものに映った。いっぽうで、同時期に発売された、ベレルと共通の2リッターのディーゼルエンジンを搭載した小型トラックのエルフは、新鮮なイメージがあって販売が伸びて、いすゞのドル箱になる勢いだった。

1960年1月には戦後のいすゞの自動車生産が累計10万台を突破した。それを記念して10万台目のトラックのラインオフを祝った。この年は乗用車のための藤沢工場の竣工などいすゞにとってはあわただしくも記念するべき年となった。

第3章 4大メーカーによる多様化の時代へ(1960年代)

●いすゞの大型トラック

まず、大型トラックの分野を充実させることが、いすゞにとって重要な課題であった。

その第一弾は前章で紹介した1959年(昭和34年)発売の180馬力のDH100型を搭載した8トン積みボンネットタイプのトラックTD型であった。時代の要求に応えたトラックで、当初は売り上げを伸ばした。しかし、他のメーカーがキャブオーバータイプの10トン積みを相次いで出すと販売は急速に落ち込んだ。

いすゞは、大型トラックの分野でキャブオーバータイプを出すのが、結果としてもっとも遅れた。最初のキャブオーバータイプの大型トラックはTDボンネットタイプをベースにしたTD147E(TD70E)型で、1961年(昭和36年)10月に発売されている。

また、8トン車より積載量を増やした大型トラックを急いで出すために、1962年3月に後2軸とした10トン積みの大型トラックTP型を発売した。これはエンジンをはじめとしてTD型の部品を多用して開発された。

これで、大型トラックのラインアップで他のメーカーに追いついたものの、8トン車も10トン車も同じDH100型エンジンを搭載していたので、10トン積みトラックのほうは力不足に悩まされ、8トントラックのほうで

TD70E型をベースにしたTDトラクター。キャブなどは共通。

は同クラスの他社のトラックに比較して燃費が悪かった。それを解消するためには新しいエンジンの開発にとり組む必要があった。小型ディーゼルエンジンの開発も進行中で、設計要員が不足しており、エンジンを製造している川崎航空機からの応援を得てとり組んだ。

1966年(昭和41年)5月にはTP型トラックのウィークポイントになっていた足まわりなどの改良がくわえられTP81E、TP91E型(違いはホイールベースの長さ)となり、10トン積みトラックが中心となった。このころのいすゞでは、型式名にEがつくのがキャブオーバータイプで、つかないTP81、91型はボンネットタイプである。

11リッターで215馬力のE110型エンジンが

キャブをチルトしたTD70E(左)。当初TD147E型として1961年10月に発表され、いすゞ最初のキャブオーバー大型トラックは1963年からTD70E型という呼称になった。

完成して大型トラックに搭載したいすゞTME型が1967年(昭和42年)11月に発売された。TME型は大型トラックの最大積載量となる12トン積みと11.5トン積みで、いすゞ最大型トラックの登場である。前記のTPE型をベースにエンジンとトランスミッション、それにアクスルなどを強化したもので、フレームやサスペンションも12トンに耐えられるものにしている。

さらに、その2年後の1969年7月に10〜11.5トン積みの大型トラックTG型を戦列に加えた。これは、前2軸として、乗り心地と走行安定性の向上を図ったものである。

それでも、他のメーカーではこれ以上に性能の良いエンジンを出す準備をしていて、いすゞの大型トラックがエンジン性能で優位に立つことはできず、すぐに新しいエンジンの開発を実行しなくてはならなくなったのである。

8トン車用の9.2リッター、175馬力のD920型エンジンは、10トン車用のE110型と併行して開発され、これを搭載したTD型トラックは1967年(昭和42年)9月に発売を開始した。180馬力のDH100型より燃費性能では10％ほど改善されていたが、性能的にライバルたちをリードするには至らなかった。そこで、ダンプトラックなどのようにトルクを必要とするものではDH100型、長距離輸送など燃費性能を重視するトラックではD920型にするという使い分けがされた。

1968年(昭和43年)には、キャブオーバータイプの大型トラックのフルモデルチェンジを実施して、スタイルや内装を新しいものにした。

また、8トントラックに搭載しているDH100型エンジンのパワーアップが図られて195馬力になった。さらに、TM系トラックでは2速までシンクロメッシュになっている。

新開発されたV型8気筒エンジンを搭載したTV型トラクターが1969年(昭和44年)10月

TD70E型に次いで10トン積みTP80E型キャブオーバータイプトラックが発売された。共通のキャブで当初はTD70E型と同じエンジンが搭載された。モデルチェンジされたTP81E型ではリア後方の非駆動輪はダブルではなくシングルタイヤとなった。

11〜12トン積みといういすゞ最大級のトラックTME型シリーズは1967年に登場。6×2トラックTP-E型をベースにパワートレーンやフレームの強化が図られた。登坂性能などはTDE型と同程度以上を目標とした。

第3章 4大メーカーによる多様化の時代へ(1960年代)

に発売された。これは16.5リッターで330馬力という、高速道路を使用した長距離の高速巡行走行に耐えうる新時代のエンジンとして開発されたものだった。

● いすゞの中型トラック

いすゞが普通免許で運転できる4トンクラスの中型トラック部門に進出したのは1966年(昭和41年)3月のTY型からである。

ホイールベースの違いなどでTY20、TY30、TY40型がある。3.7リッターD370型100馬力エンジンを搭載しており、セミキャブオーバー型であった。

都市内への大型トラックの乗り入れ規制の実施にともない、主として市街地走行を念頭に置いて開発、3人乗りとした。荷台は3.6mから5.1mまでとしてユーザーの要求にきめ細かく対応できるように配慮されている。

翌1967年8月に小型運送業で使用できる最大積載量が2トンから3.5トンまでに引き上げられたのにともなって、3.5トン積みのTY型がシリーズに加わった。

しかし、他のメーカーのこのクラスのトラック用エンジンの性能に比較するとパワー不足であった。このときに三菱4トントラックは120馬力だった。

いすゞでは、1966年にTY型に5.59mというこのクラスで最大の荷台を持つ長尺車を追加するとともに、排気量を少し大きくした102馬力のD400型にエンジンを換装したが、パワー不足の解消にはほど遠かった。

そこで、5リッターのエンジンを新しく開発することにした。これが、D500型125馬力で、1970年に登場した。

このD500型エンジンを搭載したいすゞの新しい中型トラックTR型フォワードが発売

1969年に登場したTME型トラックの室内。

前2軸のTG型タンクローリー。いすゞでも前2軸トラックをラインアップに加えたが、TG型は比較的前の2軸間が広くとられている。

1968年にモデルチェンジされて8〜12トン積み大型トラックはフロントグリルなどキャブスタイルが新しくなった。写真は8トン積みのTD80E型であるが、12トン積みのTM95E型などとキャブは共通である。

119

中型トラックTY型は、室内からもエンジンの簡単なメンテナンスができるようになっている。

1966年に4トン積みTY型トラックが発表され、いすゞのトラックのラインアップが完成した。1962年から開発が始められ、豊富なバリエーションを持つ。標準的なサイズは全長7115mm、ホイールベース4200mm、荷台長4300mmである。

されるのは、1970年(昭和45年)4月で、積載量は4トンと4.5トンであった。しかし、エンジンの性能競争は思った以上に激しく、さらなる性能向上に取り組まなくてはならなかった。

中型クラスのトラックとして、いすゞエルフに3トン及び3.5トン積みが加わった。これは、前記した小型運送業の規制緩和に対応して積載量を大きくしたもので、1970年にダブルタイヤを履いて発売されている。

●いすゞのエンジン開発

1960年代にいすゞでは、大型トラック・バス用で改良型を2種類と新規の設計による1

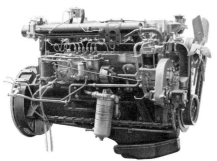

1967年から使用されたTDE型など8トン車用直接噴射式エンジンD920型。DH100型をベースに、当初は9203cc175馬力だったが、1970年には190馬力/2700回転になっている。

E110型エンジン。D920型と同じ直列6気筒であるが、排気量11044ccと大きく、予燃焼室式で最大出力215馬力/2300回転となっている。

第3章 4大メーカーによる多様化の時代へ(1960年代)

種類、中型トラック・バス用で1種類、それにエルフにも搭載された乗用車用ディーゼルエンジンを開発している。

〈改良型の大型用D920型及びE110型〉

3種ある大型用エンジンのうち、8トン車に搭載されたD920型は、DH100型(180馬力/2300回転)エンジンを改良して直噴式にしたものである。

いすゞでは、1958年頃から直噴エンジンの開発を始めていたが、実用化を目指して本格的に取り組んだのは、DH100型エンジンをベースにしたものからである。ボア・ストロークが125×125mmのスクエアの9.2リッターであったが、直列6気筒のうち1と2、4と5番目の気筒への吸入ポートが共通の双子になっていた。これは、出力性能を向上させるより燃費向上を目指したもので、ストロークを短くして排気量も小さくなり175馬力となったが、燃費は10%ほど向上した。

同じくDH100型をベースに改良されたのがE110型エンジンである。これも当初は直噴式にする計画だったが、パワーのあるエンジンを少しでも早く市場に出す必要があって、予燃焼室式で開発された。DH100型のボアを120mmから125mmに拡大して吸排気効率の向上などで215馬力を確保した。

こうしたエンジン開発で得たノウハウをそれまでのD92型にも生かして改良を加え、180馬力から1962年には190馬力に、1968年には195馬力に性能を向上させている。

Vが8気筒の新エンジンV170型が1969年に投入された。145×125mm、16.5リッターでOHV型ハイカム4バルブ仕様、1枚製の金属ガスケットを採用するなどシール性に優れたエンジンにする意図があった。330馬力でトラクター用に4年間使用された。

〈中型用直列6気筒D500型エンジン〉

中型トラックTY型のために開発されたのが直列6気筒予燃焼室式D400型エンジンだった。ボア・ストローク92×100mm、3988cc、102馬力/3400回転。しかし、当初からパワー不足で、それを補うために新しく開発されたのがD500型である。他のエンジン開発と並行していたので、開発技術陣に不足が生じて、ディーゼルエンジン技術では伝統のあるイギリスのリカード社に協力を仰いで開発された。ボア・ストロークは98×110mmで、D400型より1リッターほど大きくなっている。

このときに、できあがったエンジンのそれぞれの部品の精度を上げることもリカード社との提携の目的だった。輸出も増やして世界の市場で競争力を付けるには寸法の公差や仕上げの精密さなどで一段飛躍する必要を感じていたからだった。D500型エンジンは渦流室式を採用、4978cc、125馬力/3200回転で、1970年(昭和45年)の登場であった。

1960年代終わりに登場したV170型エンジン。これをベースにV型10気筒もつくられた。

1970年代に直噴化されてB系エンジンとして使用されるようになるD500型エンジン。当初は渦流室式だった。

日産ディーゼル工業

大型車を中心にしたラインアップ

● 上尾工場の建設

1960年(昭和35年)12月に「民生デイゼル工業」は、社名を「日産ディーゼル工業」に変更した。日産自動車の傘下に入って10年目のことである。その間に単にディーゼルエンジンの供給とトラックの組立という下請け的な企業から、日産傘下のトラック・バス部門をになうメーカーとして重要度を増してきた。それは、日産そのものの企業規模の拡大とも連動している。

資本参加した当初の1950年頃の日産は、生産台数も多くなく、経営的にも安定しているといえなかった。それが、1955年(昭和30年)のダットサン110型の登場頃から販売が伸び、ダットサン310型がブルーバードと名乗るようになる頃には、大きく成長して経営も安定してきていた。モータリゼーションの発展に助けられて、年々生産台数は増え続け、傘下のメーカーの役割も大きくなり、日産ディーゼルでも設備投資する余裕ができたのである。

規模の小さい川口工場ではボディの組立も自前でまかないきれずに委託生産されていた。そこで、生産設備を新しくしてエンジンの製造からボディの組立までできる工場の建設を計画、その陣頭指揮を取ったのが日産自動車の専務から日産ディーゼルの社長に就任した原科恭一である。

原科は、戦前からの日産自動車の技術部門の幹部として活躍、グラハムペイジの生産設備を日本に移植したとき日本側の中心となり、戦後のオースチンの国産化のために鶴見につくられたオースチン生産工場の建設の指揮をとった経験を持っていた。日産自動車の技術部門の総帥として活躍していたが、川又克二が社長就任するのにともない、もともと鮎川義介の人脈につながる原科が、1960年から日産ディーゼルの社長に転出することになったのである。

もし日産自動車の資本が入って子会社になっていなければ、日産ディーゼルはあるいは池貝自動車製造などと同様に自動車部門から撤退しなくてはならない事態になっていたかも知れないが、日産が小型車を主力にすることで、トラック・バス部門のメーカーとしての活動が保証されたのである。

独自にエンジンをつくれる技術を持っていた日産ディーゼルは、2サイクルというユニークなエンジンをベースにして時代の変化に即応して新しいエンジンを開発、自動車メーカーとしての存在感を示した。日産傘下であるために、いすゞや日野のように乗用車部門に進出するという色気を出すこともなく、トラックとバス、それに日産の下請けとしての車両生産に徹した。したがって、自動車メーカーとしてみた場合、1960年代はディーゼルエンジン専門であるのは、日産ディーゼルだけであった。

トラック・バスの4大メーカーのうち、日

1962年から稼働が始まり、次第に拡充され、川口工場に代わって上尾工場が日産ディーゼルの本拠地となった。

第3章 4大メーカーによる多様化の時代へ(1960年代)

産ディーゼルが中型トラックに進出するのはもっとも遅く1975年(昭和50年)のことであるが、1960年代は大型トラックの分野でラインアップを完成させており、他のメーカーに追いつこうとしていた時代である。もちろん、この時代は2サイクルのUDエンジンが主流で、その点でもユニークなメーカーであったが、排気規制や騒音規制がさけられない見通しになって、コンベンショナルな4サイクルディーゼルエンジンを開発した。

上尾工場が稼働する以前の1960年の同社の生産は月300台ほどのペースだったが、1960年代の後半には月産1500台ほどのペースになり、それに加えて日産パトロールや日産キャリヤー、それに日産設計のバス・トラックも生産していた。

●1960年代後半に続々と新シリーズが登場

8トンと11トンという大型トラックが中心

の日産ディーゼルでは1960年代に入ると、これらのボンネットトラックをベースにしたキャブオーバータイプが登場する。

1960年(昭和35年)10月に登場した日産ディーゼル最初のキャブオーバートラックの8トン積みTC80型はすっきりとしたスタイルだった。ボンネットタイプよりホイールベースが200mm長い5000mmで、荷台長さが6600mmという長尺もので、補助席のシートバックを取り去ると睡眠が可能なベッドに

キャブオーバートラックTC80のベースとなったT80型ボンネットトラック。8トン積み、荷台長は5000〜5800mm。

日産ディーゼル最初のキャブオーバートラックTC80G型。8トン積みで3人乗り。キャブ長さを短くできるので荷台は6600mmと長くなり、カーゴトラックのほかタンクローリー、軽量バン型トラックなど広い用途が可能となった。フロントガラス面積を大きくし、エンジンの点検には室内中央のフタを開けて行うことができるようになっている。キャブには寝台も設けられている。

123

なるほか、ベッド付きのキャブもオプション設定されていた。

定員は3名、他のキャブオーバータイプトラックのキャビンと比較すると床面が高く、フロントガラス面積も大きいので視界が良かった。運転席への乗り降りはホイールキャップを利用したステップが設置されていた。室内中央にはエンジン点検用フタがあり、フレームは厚さ8mmで、ボンネットタイプのT80G型と共通であった。フロントスプリングは幅広タイプとなっていた。

1961年(昭和36年)11月には、後2軸の11.5トン積みトラック6TWDC12型が登場する。これは1960年にモデルチェンジされた11トン積み大型重トラック6TW型トラックのキャブオーバータイプで、ホイールベース5100mm、荷台長さ7.65mと国産最大であった。高速・大量輸送時代に備えたトラックでUD6型230馬力エンジン搭載、キャビンも一回り大きくなり、サスペンションも強化された。

翌1964年にはキャブオーバータイプのトラックのキャブのスタイルを一新、8トン積

1964年7月にマイナーチェンジされたTC80H型。このときから公募により決められた「サングレイト」の愛称がつけられ、8.5トン積みが加わった。

みと11.5トン積みが共通のものになっている。このときに大型トラックの愛称が「サングレイト」となった。サンは太陽を意味するとともにニッサンのサンでもある。基本スタイルは同じだが、フロントマスク部が新しくなり、イメージアップが図られた。

1968年(昭和43年)3月、10〜11.5トンクラスに前2軸トラック5TVCシリーズが加わり、キャブやフレームなども改良された。また後2軸の5TWDC型は11.5トン車は12トン積みとなり、11トン積み車には9.2mという長尺荷台が用意された。いずれもUD215馬力エンジンである。なお、前2軸トラクター6TVC11T型が発売されるのは1970年4月のことである。

TC型シリーズトラックが大きく変化する

日産ディーゼル最大の11トン積みトラック。右は6TW12型ボンネットトラック。全長9690mm、ホイールベース5100mm。下はこれをベースにキャブオーバー化された6TWC12型トラック。1961年11月にデビュー。230馬力のUD6型エンジン搭載、全長10160mm、ホイールベース5100mm、荷台長7110〜7650mm、定員2名、車両総重量19555kg。

124

第3章 4大メーカーによる多様化の時代へ(1960年代)

1969年にモデルチェンジされて登場したPTC81型トラック。新開発のPDエンジンを搭載、全長8745mm、ホイールベース5100mm、荷台長6750mm。

のは1969年(昭和44年)、新しい4サイクルPD6型エンジンを搭載してPTC81型となったときである。大排気量185馬力エンジンとなり、キャビンを一新、8トン車としてはホイールベースも7種類(3600〜6100mm)、10種の基本車種を持つシリーズとなった。

大型のサイドバックミラー、払拭面積の大きい副アーム付きワイパー、ヘッドレスト一体型のシート、助手席にアームレストの設置など、快適性を持つキャビンとなった。また、フロントトレッドを拡大させ、パワートレーンやサスペンション、フレームなどが強化された。

*

トラックやクレーン車の充実も図られた。生産量の少ないこの部門に日産ディーゼルは力を入れていた。

1968年(昭和43年)5月発売のトラクター6TWC13T型は6気筒240馬力のUD6型を搭載、標準仕様オーバードライブ付き5段ミッションのほかに4段直結の特別仕様も用意された。最大積載量は20トンであった。また70〜80トンの吊り上げ容量を持つ超大型クレーン8TVW70Cは、V型8気筒となった

1969年にモデルチェンジされて11トン積み6×2の大型トラックは6TWDC13型となった。フレーム構造などは変わらないが、このときに後輪のダブルタイヤがシングルになっている。

125

10トン積み前2軸トラック5TVC10型は1968年3月にデビュー、UD5型215馬力エンジン搭載、パワーステアリングを採用。最小回転半径8.7〜10.2m、全長は9090mmと10340mmとあり、ホイールベースは前輪5160mm、後輪6200mm。下は同じく5TVC10型のタンクローリーとダンプカー。

8.5トン積み4輪駆動のダンプカーTF80SD型。UD4型エンジン搭載。

同じくTC80型をベースにしたミキサー車TC80TM型。エンジン後部動力取出し機構を持つ。全長5820mm。

UDV8型330馬力エンジンを搭載している。

なお、日産でつくられていたトラック680型は日産ディーゼルに引き継がれていたが、1963年(昭和38年)には5.5トン積みキャブオーバートラックUE680型が登場した。123馬力のUD3型エンジンを搭載、5〜6トンクラスでは早めのキャブオーバータイプであった。ボンネットタイプも生産が続けられ、1966年4月にはモデルチェンジされて681型となった。6トンキャブオーバータイプが加わり、これはサングレイト6シリーズと呼ばれた。フレームは新設計、UD3型は130馬

セミトレーラー6TWC13T型。第5輪荷重12トン。全長6650mm、ホイールベース4235mm、低床式と超低床式とがある。

126

第3章 4大メーカーによる多様化の時代へ（1960年代）

1968年当時国産最大の吊上容量70～80トンの超大型クレーン搭載用シャシー8TVW70C型。車両総重量44160kg、全長12860mm、ホイールベース5800mm、最小回転半径11.9m。330馬力のUDV8型エンジン搭載。

力となった。

1969年（昭和44年）3月に4サイクルND6型135馬力エンジンを搭載して、ボンネットタイプ681型はU780型となり、新エンジンになった機会にスタイルも一新、大型トラックのイメージを強めた。

●新開発4サイクル・ディーゼルエンジン

1969年（昭和44年）3月に、日産ディーゼルの大きな特徴となっていた2サイクルUDエンジンに代わる4サイクル・ディーゼルエンジンが登場した。排気・騒音規制が実施されようとしており、また燃費性能を良くすることも重要になってきており、これまでの2サイクルエンジン路線のまま1970年代もすごすことは好ましくないという判断がなされたのである。

その前に1960年代のUDエンジンの改良についてみてみよう。1966年にハイカムシャフトにしてプッシュロッド長を短縮するとともに気筒当たり2本だった排気バルブを4本にしている。掃気効率を高めるとともに2400回転まで高速化してUD33N型（3気筒）は130馬力、UD43型は175馬力、UD50型は215馬力、UD63型は220馬力となった。さらに、V型8気筒UDV8型と12気筒のUDV12型が加わり、UDシリーズは6機種となった。UDV8型は330馬力、UDV12型は500馬力というのが最終的な出力である。

〈直列6気筒PD6型エンジン〉

かつてKD型エンジンからUD型にチェンジしたときのあわただしさとは異なって、新しい4サイクルエンジンの開発は1960年代半ばに着手、余裕をもって1970年代に備えようとしていた。2サイクル時代に培った直接噴射式の技術を生かした先進性と、直列6気筒

1963年に680型はキャブオーバータイプが登場、5.5トンUE680型（左）。UD3型123馬力エンジン搭載。右は1968年にモデルチェンジされたUEG681型。フレームも新設計、エンジンは130馬力にアップされた。

127

にこだわった着実性とが開発の基本姿勢であった。

8トン車用として開発された4サイクル直接噴射式エンジンは日産ディーゼルPD6型で、高負荷高速連続運転に対する信頼性を重視している。ボア・ストロークは125×140mm、排気量10308cc、出力185馬力/2,300回転、68キロとトルクが大きいのが特徴である。吸排気ポートはクロスフロー配置になっており、吸気ポートは適度のスワールを発生するよう成形されている。圧縮比16、バルブシートは特殊鋳鉄製シートリングを挿入、シリンダーには厚さ2.5mmのドライライナータイプで、シリンダーブロックに挿入される前にホーニング仕上げされている。

動弁系はOHV型であるが、ハイカム方式を採用、クランクシャフトは12バランスのツイスト鍛造品で、トーショナルダンパーを装着している。ピストンはトロイダル型燃焼室をもつサーマルフロー型になっており、メインギャラリーからジェットで下面をオイル冷却している。ピストンリングはクロームメッキ3本構成である。燃料噴射ポンプはボッシュBD型、寒冷時の始動性を向上させるために各吸気ポートには電気式エアヒーターが装着されている。

1960年代の主力はユニフロー式2サイクルUD型エンジン。左は直列6気筒のUD6型230馬力で6TWC型トラックに搭載されたもの。右はV型8気筒のUDV8型(330馬力)で、UDV12型も加わり強力なラインアップとなった。

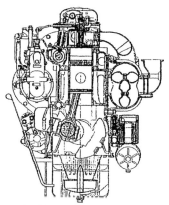

1966年に登場したUD43型は、ハイカムシャフトにして排気バルブが気筒あたり4本となった。当時としてはかなり進んだ機構のエンジンになっていた。

1969年に登場したPD6型エンジン。コンベンショナルは4サイクルディーゼルであるが、他社に先がけてトロイダル型燃焼室をもつ直接噴射式としており、オイルやウォーターポンプ容量も大きく信頼性の確保に配慮している。

■三樹書房／グランプリ出版の書籍をご購入いただきありがとうございます。
今後の両社出版物やイベントのご案内をするメールマガジン・DMを配信しています。
ご希望の方は、右のQRコードで公式サイトのフォームよりご登録をお願いします。
本書の感想などもこのフォームからご記入いただけます。

■このはがきをお送りいただいてのご登録も可能です。
大変恐縮ですが切手をお貼りいただき、お名前、ご住所、メールアドレス、下記へ感想などご記入の上、ご投函ください。

■ご購入書籍名
(   )

■本書の感想
(   )

■どのようなテーマの本をご希望ですか？
(   )

郵 便 は が き

※お手数ですが切手をお貼りください

101-0051

東京都千代田区神田神保町1-30

三樹書房／グランプリ出版
メールマガジン・DM担当 行

お名前	フリガナ		男・女	年齢 歳
ご住所	〒□□□-□□□□　　電話			
	都道府県			

e-mail

※ご記入いただいた個人情報はメールマガジン・DM（お客様への新刊情報など）の
　送付以外の目的には使用いたしません。
　上記のご案内が不要な場合は、□に✓をご記入ください。

第4章
排気・騒音規制のなかの高性能追求

（1970年代）

1970年代になると、ますます高速道路網が整備され、長距離輸送が大きなウエイトを占めるようになり、効率化を優先することで、10トンクラスの大型トラックが主役となった。いっぽうで中距離や近距離輸送に適した4トン積みが重宝されるようになった。トラックによる輸送が物流の中心になることで、トラックに対するユーザーの要求が多様化してきたことを受けて、メーカーではさまざまな機種を揃えなくてはならなかった。それにつれて、各メーカーの競争はますます激しくなり、排気・騒音規制が実施されて、技術進化を遂げなくては生き残れなくなった。それでも、1970年代は全体的に見れば成長する軌道にあったから、さまざまな技術的な挑戦が試みられた。

進む2極化と豊富なバリエーション展開

●長距離輸送の主役となる

1970年代は、2度にわたるオイルショックがあり、景気の動向が安定せずに、トラック業界にとっても多難な時期であった。それに排気規制や騒音規制などに対応しなくてはならず、メーカー間の開発競争もいっそう盛んになった。

1970年代に入ると、東名や名神などだけでなく、全国的に高速道路網が張り巡らされるようになり、海上コンテナー輸送が急増、国内カーフェリー輸送も発達して、フルトレーラーやセミトレーラーによる輸送が盛んになった。

長距離輸送の主役は自動車になり、国内の貨物輸送に占める割合ではトラックが1972年には90%に達している。海運による輸送がほぼ横這いであるのに対して、鉄道による輸送の落ち込み分と、総量の伸びる分をトラックが占めて輸送のシェアが増えていったのである。

従来から進められていた長距離高速輸送を前提にしたトラックターミナルの整備に加えて、物流の合理化のための複合ターミナルの構想が浮上してきた。トラックとフェリー、トラックと鉄道、さらにはトラックと航空機などの組み合わせを実現するためのターミナル建設である。

1960年代から整備され始めた高速道路網は次第に充実して、トラックの輸送に大きな変化をもたらすことになった。

最初は、個々の運輸大手会社がトラックターミナルをつくるようになったが、次第に公共ターミナルの建設が進められた。それにつれて、鉄道では、当時の国鉄によるコンテナの中継基地が建設され、海上コンテナーヤードがフェリーの発着する埠頭に建設され、さらに航空貨物ターミナルも東京国際空港に設置された。

●一進一退を続ける販売台数

トラックによる輸送量が大幅に伸びていくことを反映して生産台数も増えてきたが、1970年代になると、必ずしも順調な伸びを示さなくなってきた。積載量の大きいトラックの稼働が増え、トラックの寿命が延びることで、販売台数が必ずしも輸送量の増大に比例しなかった。

販売台数に関しては、1971年(昭和46年)に起こったドルショックで最初の停滞を示し

第4章 排気・騒音規制のなかの高性能追求(1970年代)

トラクターによる大量輸送が、増え続ける物資の輸送の大きな部分を占めるようになり、それにつれて高速性能が向上するとともに、乗員が長時間過ごすキャビンの快適性がさらに求められるようになった。

た。すぐに回復して順調に伸びていく傾向をみせたところ、1973年秋の第一次オイルショックにより販売は大きく落ち込んだ。1974年になると、トラックの国内販売が約35％も減少した。4社で分け合っていたシェアは、3社分の需要しかなくなったことになる。落ち込み分はある程度は輸出でカバーしたものの、すぐに取り戻せるものではなかった。

　低成長時代を迎えて、トラックに求められたのは、燃費性能がよいこと、寿命がながいこと、エンジン性能がよいこと、積載効率を高めることなどであった。このうち、低燃費にすることと、排気規制の実施とでは相反する技術がエンジンに求められ、難しい技術追求をしなくてはならなかった。このため、1960年代後半から多くなりつつあった直接噴射式燃焼室を持つエンジンが主流となった。

　1978年(昭和52年)頃には販売が上向いた。とくに大型トラックの伸びが著しく、前年の大幅なドル安をも吸収する勢いだった。政府の財政支出の増加や公共事業の促進によってダンプカーを中心にした需要が目立った。

　大型トラックの販売が伸びたのは、1978年12月に始まった道路交通法の改正で過積載

1970年代はオイルショックなどにより、国内販売はそれまでの右肩上がりというわけにはいかなくなった。そこで活路が見いだされたのが輸出。左はタイ、右はサウジアラビアで活躍する日野の大型トラック。

131

に対する規制が強められたからでもあった。それまでは少ないものでも3〜4割、多いものでは2〜3倍という過積載は珍しくなかった。トラックの設計の段階で、ある程度の過積載を前提にしていたところもあった。しかし、規制の強化によって、トラックを所有する会社に監督責任義務が加重されて罰則が強化され、場合によっては使用停止処分まで課せられるものとなり、運送業界では、従来のトラック数では間に合わなくなったのである。

規制が実施される前から需要が増え始めて、生産が追いつかないほどになった。しかし、1979年(昭和54年)にピークとなった需要は、再び落ち込んだ。イラン・イラク戦争による石油の急騰で、トラックは低迷の時期を迎えることになる。

日野自動車工業の排気試験。1970年代は燃費をよくするために直接噴射式にするとともに、排気規制をクリアすることが重要課題だった。

●排気・騒音規制への対応

大型トラックやトレーラーによる長距離輸送が増えてくることで、ドライバーの快適性に対する要求が大きくなり、居心地のよい室内にすることがこれまで以上に重要になっていた。単なる運転席から、キャブは居住性のよい空間にする競争が展開された。

1960年代から落ち込んでいた6〜8トンクラスのトラックは、さらにその傾向を強めて、10トンクラスと4トンクラスが中心となり、どのメーカーもここをターゲットにしてモデルチェンジが実施された。1975年(昭和50年)には、日産ディーゼルも中型トラックの分野に進出し、4メーカーがそろった。

1970年代のディーゼルエンジンにおける最大の課題は、排気・騒音の規制だった。1974年のいわゆる49年規制に始まる排気規制は、日本が世界で最も厳しいものとなり、各メーカーは規制に合わせてエンジンの改良や新規開発をしなくてはならなかった。これに騒音

1971年に試作されたガスタービンを搭載したトラック。排気規制の実施を前にして、内燃機関以外の動力の可能性が各メーカーでトライされた。この当時は、ガスタービンがもっとも有力と見られたところがあった。

第4章 排気・騒音規制のなかの高性能追求(1970年代)

規制が加わり、防振のための改良も実施する必要があった。

規制に適合したエンジンにしながら性能向上と燃費の低減を図ることが要請された。そこで各メーカーとも燃焼効率の良い直接噴射式にすることに取り組まざるを得なかった。そのため、直接噴射式エンジンの完成度を求めるさまざまなアプローチが見られた。まず大型トラック用エンジンから始まり、やがて中型用のエンジンに及んだ。各メーカーから新開発エンジンが続々と登場してきたのも1970年代の特徴である。ユーザーの多様な要求に、コストを抑えながら応えなくてはならず、ますます技術と知恵がメーカーに求められてきたのである。

長距離・大量輸送が時代の流れになったが、荷物の積み降ろしに関してもさまざまな工夫が見られた。いかに容易に素早く作業できるか、エンジン動力をうまく利用して新しい機構が誕生した。上は三菱ふそうのムービーコンテナ。中は車両と荷台を簡単に切り離すことを可能にした三菱ふそうのCBトラック。下は油圧で荷台を持ち上げて短時間で荷物を降ろすいすゞトラックの機構。

ディーゼル商用車に対する排出物規制の経緯

単位：ppm

内容	排出ガス						黒煙
	49年規制	53年規制	54年規制	55年規制	57年規制	61年規制	47年規制
CO	980	980	980	980	980	980	50%
HC	670	670	670	670	670	670	
副室式 NOx	590	500	450	390	390	390	
直接噴射式 NOx	1000	850	700	700	610	610	

大型・中型自動車騒音規制の経緯

単位：dB(A)

車種	内容		加速走行騒音						定常走行騒音及び定置騒音
			46年規制	51・52年規制	54年規制	57年規制	58年規制	59年規制	60年規制	61年規制	
大型車	車両総重量3.5トンを超え200PSを超えるもの	定員11人以上	92	89	86	86	86	83	83	83	80
		その他の車						86	83	83	
		全駆車								83	
中型車	車両総重量3.5トンを超え200PS以下		89	87	86	86	83	83	83	83	78

133

日野自動車工業
中型と大型部門でシェア・トップに

●V号作戦とD号作戦の展開

　小型乗用車部門から撤退した日野自動車工業は、1970年代はトラックとバスに特化したメーカーとして、業績を順調に伸ばしてきた。しっかりとした目標を立てて、それをクリアしていく経営をしてきた効果が出ている。大型トラックが10トン車に、中型が4トン車に需要が集中することを予測して的確に新型モデルを出した。

　日野自動車工業では、1960年代の後半から販売を増やすためにV号作戦を立てて全社的に取り組んだ。1970年(昭和45年)までに大型と中型トラックの部門で30%の市場占拠率を目標にしたものだったが、1970年はこの目標の最後の年で、ニーズに応えた商品の展開、販売及び経営の充実などを図った。結果、大型部門ではトップに並ぶシェアを獲得し、中型トラックの販売でも第2位となった。

　1971年(昭和46年)3月に引き続いてD号作戦が始まった。これは、ディーゼルエンジンのDとドイツ語で3分の1を示すドリッテルのDとからとったもので、1974年までに市場のシェア35%を獲得することを目指した。

具体的には大型トラック32%、中型トラック38%をめざして、"日野100年の計"として大号令が発せられたのである。

　1970年における日野トラックの販売は、大型が1万8000台強で22.4%、中型が2万2000台強で28.7%だった。目的達成のために販売店の強化が図られるとともに、ニーズにあった各種トラックのきめ細かい開発がなされた。乗用車の開発に割かれた技術陣が戻ってきたために体制は強化された。

　成長軌道にあった1973年(昭和48年)までに日野は、トラックの販売では、第1位に躍り出て、シェアは33.2%となった。大型トラックは約2万5000台で28.9%、中型トラックでは3万6600台で36.4%であった。そして、1975年にはトラックのシェアが35.4%になり、目標を達成することができたのである。

　1974年(昭和49年)からはオイルショックによる影響で全体の販売が落ち込んで、台数では前年を上まわることができなかったが、74年と75年の落ち込みは比率でいえば他メーカーより少なかった。その後もシェアの上昇はなかったが、業界トップの座を維持した。

　1970年代は、トヨタとの提携がさらに実質的なものになり、トヨタのカンバン方式を生産工程で取り入れるなどして効率を向上させた。

　国内販売の低迷をカバーするためにも、輸出に力が入れられた。海外での拠点づくり、海外事業本部が設置され、1970年代中盤には、年間3万台の輸出が目標になった。

●トラクター及び大型車の開発

　燃費がよく、パワーアップを図る必要があり、新しいエンジンの投入とともに、1970

日野工場におけるトラックの組立ライン。いち早く専用ラインになった。

第4章 排気・騒音規制のなかの高性能追求（1970年代）

年代には次々に新型車を登場させた。多様化するニーズに応えるために、きめ細かく対応したモデルを出したのが特徴である。

トラクターの分野では、都市間輸送を主とするフルトラクターシリーズ、大量長距離の重量物輸送及び海上コンテナ用のセミトラクター、さらには18トン積みフルトレーラートラックや海上コンテナ用などの後2軸6×4駆動を発売した。

大型トラックとその特装車でもラインアップを充実させた。

1971年（昭和46年）7月には「赤いエンジン」といわれた新開発の直接噴射式エンジンを投入したのにともない、トラクターと大型トラックの大々的なモデルチェンジを図り、19種類を発売した。

大型トラックでは、前2軸のTC型シリーズと後2軸のKF・ZM型が13車種発売された。荷台長さは4.9～9.2m、ホイールベースも4.4～7.55mと選択の幅が大きくなっている。フ

上は10.5トン積みのダンプカーZM101D型でEF100型エンジン搭載。下は11トン積みZM型トラック。ともに後2軸であるが、ZM700型はDK10ターボ230馬力エンジンを搭載する。

レームやシャシーにも新機構が取り入れられ、居住性も向上した。エンジンはED100型260馬力を搭載している。

EF100型エンジン（350馬力と280馬力）搭載のセミトレーラー用トラクターHE340型、345型、350型、355型はトラクターの長さを短くしてハイキャブ式にして、室内はそれまで以上に快適な空間にしている。EG100型エンジン（305馬力）搭載のフルトレーラーTC541・561型も登場した。

さらに、12月には同様に「赤いエンジン」を搭載したセミトラクターHH130型（ED100・260馬力）及びHH340型（EF100・280馬力）、ダ

1971年4月に登場したセミトラクターHF335型。第5輪荷重8.5トンの4×2。

1971年7月に登場したフルトラクターTC741型。前2軸、10.5トン積み、もう1台の11トン積みはTC561型。ともに305馬力のEG100型エンジン搭載。

135

1977年発売のフルトラクターTC762型はTC741型の後継モデル。エンジンは330馬力のEF700型を搭載。車両総重量はほとんど同じだが、全長10585mm、ホイールベース6850mmと大幅に長くなっている。

1976年9月発売の8×4のZR255型クレーン車。クレーン吊り上げ25トン。270馬力のEK100型エンジンを搭載する。

ンプトラックZM101D型（ED100・260馬力）、フルトラクターTC741型（EF100・280馬力）が発売された。

これらの新エンジンを搭載したモデルの登場がシェアを伸ばす原動力になった。

その後は、マイナーチェンジにより新モデルが登場するのは1975年（昭和50年）7月になってからである。

主力の10トン車シリーズ3種類が新しくなって登場した。6×2の前2軸のTC型シリーズ、6×2の後2軸のKF型シリーズ、6×4の後2軸のZM型シリーズである。いずれも直接噴射式となった赤いエンジンを搭載し、キャブ内外装を一新、ヘッドライトまわりやバンパーなどの化粧直しでイメージアップが図られている。クラッチストロークを短くして操作しやすいペダルの配置にするなど、きめ細かい改良が加えられた。この直後にダンプカーのZC型やZM型シリーズも同様に新型モデルとして改良されて登場した。

なお、クレーンキャリアなどの一部の特装車に関しては、1970年代の終わりまでに撤退している。

1975年7月発売の前2軸11.5トン積みTC363型カーゴトラック。上は1976年11月発売の10.5トン積みKF797型カーゴトラックの室内。室内の快適性やメーターパネルのデザインも次第に乗用車のそれに近づいている。

第4章 排気・騒音規制のなかの高性能追求(1970年代)

中間クラスのトラック。1975年12月発売の8トン積みKB501Dダンプカー。大型車がベースで、エンジンは270馬力。

● 中型トラックの開発

　販売台数の伸びが期待できる4〜5トン積みトラックの分野で、日野はレンジャーシリーズの充実を図った。中型クラスではKM型とKL型とあったが、その中間にKQ型が1970年から登場した。1971年(昭和46年)のKM型のマイナーチェンジの際に、荷台を大きくしてエンジンのパワーアップがほどこされた。このときに、特装車として5トンコンテナ専用車のKJ300型が登場している。

　日野の中型トラックの主力となっているKL型は従来からある300型に加えて、1972年(昭和47年)6月から500型がシリーズに加わった。これは、145馬力のEH100型エンジンを搭載して強力なパワーを発揮させるために5段ミッションにして高速走行だけでなく、登坂などに威力を発揮することを狙っていた。これにより、日野のこのクラスのトラックバリエーションは大幅にふえた。

　さらに、中型トラックより上のクラスになるが、1972年(昭和47年)12月にレンジャー

シリーズに6トン積みのKR360型が加わった。これは、空白地帯になりつつあった6トン車クラスにKL型をベースにして新モデルを誕生させたもので、エンジンも同じEH100型である。荷台は5.2mと6.4mとある。

　これが刺激となって、中型をベースにした6トントラックが登場することで、低迷を続けていたこのクラスの競争が見られるようになった。

　1970年代の後半にレンジャーシリーズは「ゆとり」のあるトラックにするという合い言葉のもとに新しいモデルが開発された。

　1976年(昭和51年)1月にKL型は新開発のEH700型165馬力エンジンを搭載したKL505型・525型など5車種を発表、改良された従来からのエンジン搭載のKL型とともに発売されることになった。

　同時に6トン積みのレンジャーKR型にはEH300型160馬力エンジンが搭載されてシリーズに加わった。このときに、このクラスのトラックのキャビンが新しくなって、大型のメーターパネル、センターコンソールが設置され、操作性がよくなり、運転席は乗用車並の快適性を狙ったものになった。

　1979年(昭和54年)9月には、54年排気・騒音規制をクリアしたモデルが登場した。エンジンの燃焼が改善されたうえに、マフラーを二重にするなどの騒音対策をほどこしている。このときにクラッチ踏力の軽減、ブレーキ性能の向上、パワーステアリングの設定など、ドライバーの疲労を少なくする努力がなされている。これは大型ト

3.5トン積みのKM型は1978年4月にKM500型になった。エンジンは110馬力になったが、サイズは変わらず近距離での使用が中心であった。

137

ラックでも同様であった。

●赤いエンジンと名付けられた直接噴射式

直接噴射式エンジンにしたことをアピールするために、日野ではこれらを一括して「赤いエンジン」と呼び、シリンダーブロックなどが赤く塗装されて登場している。

新開発では大型用が10トントラック用直列6気筒2機種、大型トラクター用V型8気筒が2機種、中型用が1機種、これに改良型が加わって、にぎやかな展開となった。

〈大型用ED100型エンジンの開発〉

10トントラック用直接噴射式EA100型エンジンに代わる直接噴射式エンジンは、ドイツのディーゼルエンジンメーカーとして伝統のあるMAN社と提携してその技術を導入することにした。日野は、比較的低い燃料の噴射圧力でも直接噴射式が実現できるというMAN社のM燃焼方式に注目した。

このM燃焼方式の特徴は、ピストンに設けられた燃焼室が深い球形になっていることだ。

高温となるたこつぼ型となる燃焼室の壁面に燃料を当てるように噴射することで、燃料が蒸発して燃えやすい状態にすると同時に、噴射ノズルを2孔式にして、着火源とする燃料を少量空中に噴射する。燃料が蒸発して強いスワールを発生するが、燃料の蒸発速度は、ピストンの裏側にオイルジェットで噴きかける冷却用のオイル量により調節される。燃焼がおだやかに進むことから「ウイスパー(ささやき)エンジン」と呼ばれた。

この方式の直接噴射式エンジンは、直列6気筒DK100型エンジンのブロックを使用してボアを128mmまで大きくしている。シリンダーライナーはウエット式、ピストンスカートが長くなるのが特徴で、ピストンは4本リング。スワールを発生させるために吸気ポートはヘリカルタイプとしている。

また、吸気マニホールドが慣性過給を発生するような形状になっているのも技術提携によるものである。

ボア・ストローク128×150mm、11581cc、260馬力/2300回転、最大トルクは88キロである。

このエンジンはピストンの壁面温度が低いときは蒸発しない燃料が残って未燃状態になり排気臭が強くなったために、アイドル運転時には6気筒のうち3気筒のみ燃料を噴射して温度の上昇を早めている。

また、ピストンやシリンダーヘッドが高温にさらされることによる耐久性の問題もあり、ピストンの強化を図るとともにシリンダーヘッドの高温となる部分に冷却水を導くようにドリルで穴を設けたり、スリットをつけて冷却効果の向上が図られた。

〈標準的な直噴式のEK100型エンジン〉

しかし、市販してからはこの方式のエンジンの限界がはっきりしてきた。ピストンが深くえぐられた球形燃焼室になっているために、ピストンが長くなってフリクションロスが大きく、ターボの装着も難しいものだった。そこで、後継エンジンはスタン

1978年に発売されたKL545型トラック。KM型よりひとまわり大きいKL型は4〜4.5トン積みでバリエーションも豊富であった。全長7510mm、ホイールベース4225mm、エンジンは170馬力のEH700型となり、それまでのEH300型より強力になった。

第4章 排気・騒音規制のなかの高性能追求(1970年代)

ダードな燃焼室を持った直接噴射式エンジンとなった。

大排気量の直列6気筒の大型トラック用エンジンとして、トロイダル型をした燃焼室の直接噴射式エンジンのEK100型が1979年(昭和54年)に登場する。

これは、厳しくなる排気・騒音規制を考慮しながら高出力を達成するためのエンジンで、V型8気筒直接噴射式エンジンの開発経験を生かしている。ボアピッチを同じにしてボア・ストロークも共通の仕様にして全長を抑え、軽量化が図られている。生産性と性能を考慮した新しいタイプになったこのエンジンは、その後も燃焼の改善による性能向上や耐久信頼性の向上が図られていく。

〈V型のEF型シリーズ及びEV700型〉

直列6気筒ED100型よりわずかに遅れて開発が始められたのがEF100型である。大型トラクター用のEA100型はボア・ストロークが140×110mmとショートストロークで苦労したために、このエンジンでは130mmのスクウェアにした。これは、オーストリアにあるAVL研究所の技術協力を得て開発が進められた。

V型エンジンの高さを大きくしたくない考えがあった日野では、直接噴射式エンジンの場合、同研究所が主張した普通のトロイダル型にするにはストローク・ボア比が1以

上でなくてはならないという考えに共鳴したことによる。

燃料噴射ポンプは高圧が可能なボッシュP型を採用、最高出力280馬力/2400回転、最大トルク93キロである。

トラクター用にボアを135mmアップして出力を305馬力にしたのがEG100型エンジンである。また、アメリカのギャレット製小型ターボを装着したEF100T型は350馬力、110キロのトルクになっている。

こちらのV型8気筒エンジンが安定した性能が得られて、大型トラックにも搭載された。シリンダーヘッドのシール性や噴射ノズルホルダー部の改良などが加えられている。

さらに、1975年(昭和50年)には、ボアを2mmアップして出力を15馬力増やして295馬力にしたEF300型に置き換えられた。その後、52年排気規制にともなってストロークを135mmにした15459ccのEF500(315馬力/2400回転)が登場、このエンジンのボアを137mmにした15920ccのEF700型(330馬力/2400回転)、ターボ付きのEF700T型(360馬力/2200回転)が登場している。

このシリーズエンジンにV型10気筒のEV700型が加わったのは1977年である。ターボエンジンによる出力増強だけでなくノンターボで高出力を達成しておこうという配慮でつくられたエンジンである。ボア・スト

ED100型エンジン及びその直接噴射式燃焼室となったエンジンのピストン。球形の燃焼室が深くえぐられている。

コンベンショナルなトロイダル式燃焼室を採用した直列6気筒直接噴射式EK100型エンジン。

139

EH300型エンジンをベースに直接
噴射式としたEH700型エンジン。

ロークはEF700と同じ137×135mmで、排気量は19.9リッターと、この時点で世界最大の排気量の自動車用エンジンとなった。

出力も、当時の最高の415馬力と圧倒的な性能を誇った。10気筒となると振動が大きくなりがちだが、90度V型のクロスフロー配置エンジンのなかで振動の少なくなる配列にして、カウンターウエイトによりバランスをとって、振動を抑える努力がなされている。

〈中型用EH700型エンジン〉

日野は、中型トラックの直接噴射式エンジンの登場が遅れた。1970年代に入って、まず予燃焼室を持つEC100型エンジンを120馬力から130馬力にアップさせ、さらに1972年(昭和47年)にはボアを8mm大きくして105mmにしたEH100型5871cc、145馬力、その後は改良が加えられて160馬力のEH300型とした。

しかし、待ったなしに燃費性能に優れた直接噴射式エンジンの実用化を急がなくてはならなかったので、EH300型エンジンをベースにして直接噴射式エンジンが開発された。ボアを110mmに拡大してストローク113mmとスクウェアに近い仕様にして、排気量は6443ccとなり、このためにライナーは薄肉のドライ方式になっており、嵌合や加工で苦労したようだった。4本リングを持つピストンはオイルジェットにより冷却される。

高出力・高回転型とするために種々のテストがくり返され、ピストンにあるトロイダル型燃焼室は比較的直径が小さく深い形状になっている。吸気ポートはヘリカル型にして直噴エンジンに対応している。165馬力/3000回転、最大トルク45キロである。なお、1980年(昭和55年)にはボアを2mm小さくした6211cc、150馬力のEH500型がシリーズに加わっている。

なお、HMMS燃焼方式というのは排気規制に対応して誕生した日野の燃焼方式である。Hino Micro Mixing Systemの頭文字をとったもので、NOxを減少させながら性能を犠牲にしない考え方をとったものである。

V型8気筒EV型シリーズエンジンのひとつEF500型エンジン。

20リッターという大排気量にしてノンターボで出力増強を図ったV型10気筒EV700型エンジン。

第4章 排気・騒音規制のなかの高性能追求(1970年代)

| 三菱ふそう |

時代の要求に応えた新型車体も専用投入

● 三菱自動車工業の発足

1970年(昭和45年)4月に三菱重工業の自動車部門は独立して三菱自動車工業となった。主力銀行が同じであることから進められていたいすゞ自動車との提携も解消し、フリーハンドになったところで独立している。軽自動車、小型自動車、普通自動車、バス・トラックと文字どおりの総合自動車メーカーである。1社だけで、これだけ幅広く自動車を生産しているメーカーは日本にはほかにない。1970年は三菱の創業100周年を記念する年でもあった。

トラック・バスの分野では日本のトップメーカーになっているが、乗用車部門で見れば、1969年に発売したギャランがヒットした程度でトヨタや日産には大きく水をあけられていた。それをカバーするために、1970年10月にアメリカのクライスラーと提携している。普通トラック・バス部門には直接的な影響はなかったものの、結果としては期待ほどのメリットのない提携であった。

三菱自動車工業となった1970年の同社の普通トラックの国内登録台数は、約5万8000台だったが、1973年には6万8000台になった。その後は、74年4万3600台、75年3万8500台、76年から4万台ペースとなり、79年に5万台を回復するが、その後はこの水準にしばらく届かなくなる。

三菱トラックの新しい動きとしては、1971年(昭和46年)2月にカスタムキャブをオプションとして登場させたことである。ドライバーが長時間過ごすキャビンを少しでも快適なものにしようとする試みで、キャブ内装をデラックスにして機能の向上が図られたキャブである。フロントガラスが一枚になってすっきりとしたこと、オーバーラップワイパーの採用、サイドデフロスターによる視界の向上、ハイバックリクライニングシート及び3点式シートベルトの採用、室内のパッド化による安全性の向上、さらにはシートクッションの上質化、読書灯の設置、クーラーやステレオ装置、パ

左は1970年4月に川崎工場においてふそうT600型シリーズの中型トラック生産累計10万台を記念してセレモニーが実施された。三菱自動車工業として独立したときでもあった。上はその2年後の1972年4月にふそう大型バス・トラックの生産累計20万台を達成した。

141

1970年代に入った当時の川崎工場におけるトラックの組立ライン。中型トラックの分野では好調が続いていた。

1971年に大型トラックにカスタムキャブを登場させた。乗用車並の快適性が得られるということで、その後のモデルとなった。

ワーウインドウ、オーバーヘッドコンソールなど、乗用車に装備されている高級な仕様まで用意された。

その後、これらはモデルチェンジの際に標準装備となったものがあり、キャブのデラックス化は時代の流れであった。これを三菱ではオプションとして先取りしたのであった。

● トラクター及び大型トラック

1960年代の終わりにフルトレーラー用トラックを発売した三菱では、高速大量輸送時代に対応するためにトラクターの充実が図られた。

まず重トラックとしては初めてとなるキャブオーバータイプの6×4高速トラクターT931ER型を1970年(昭和45年)3月に発売した。10段トランスミッションを備えたものである。その5カ月後に4×2セミトラクターでも、排気量を14.9リッター8DC6型300馬力エンジンを搭載したT812ZRをシリーズに追加、その後もT811ZR-C型セミトラクター、T813ARA型フルトラクターなどが投入された。

この時期に運送業界の要望によって、セ

ふそうT811ZR-C型トラクター。第5輪荷重8.5～9.5トン、911ZR型の廉価版として1971年に発売された。

1972年8月に発売されたふそうT813ARA型トラクター。運転席が高い位置になり、視界を良好にしている。エンジンは10気筒になったDCシリーズ375馬力を搭載する。

第4章 排気・騒音規制のなかの高性能追求(1970年代)

1967年に発売されたT951型カーゴトラックをベースにして長尺ものを積載するためにつくられたふそうT951N改型トラック。11.5トン積みにしてコンクリートパイル、鉄骨、アルミ型材、レールなどの輸送用。キャブはセンターになっていて一人乗り。

ミトレーラーにもう一台のセミトレーラーを連結するダブルストレーラーの開発を手がけたが、試験走行を実施したものの、法規上の認可が下りないなどで発売にいたらなかった。

1973年(昭和48年)12月に大型トラックを7年振りにモデルチェンジ、「新キャブFシリーズ」として登場させた。キャブは外形寸法は変えずに室内空間を大きくしたのが特徴で、ドライバーの快適性に配慮している。内装はデラックス化し、防音材入りの内張りにしてシートのクッション性を高めている。このと

きに、DC型エンジンを予燃焼室式から直接噴射式に改良、V型8気筒エンジンは265馬力、14.886リッターの305馬力の2本立てになり、大型は"Fシリーズ"という名称で統一された。10トンクラスの6×2の前2軸のFT型、同じく6×2後2軸のFU型、同じく6×4後2軸のFV型、それに8トンクラスの4×2のFP型の4車種がある。それまでのT910型、T950型、T930型、T810型という呼称から改められたものである。それぞれにエンジンとホイールベースの異なる仕様がある。

8トン積みのFP型シリーズには1976年(昭

1974年型としてふそう大型トラックはF型シリーズにモデルチェンジされた。左上は11トン積み後2軸6×2のFU113型。上右は10.75トン積みの前2軸6×2のFT113型。下は10.75トン積み後2軸6×4のFV112型。いずれも3名乗車でエンジンは8DC8型搭載、8トン車のFP112型は8DC4型エンジンを搭載する。

143

小径タイヤによる8×4の低床タイプのふそうFS型カーゴトラック。キャブの位置も荷台高さに合わせて低くなっているがFシリーズとして同じモノになっている。

和51年)6月に新開発の直列6気筒6D20型10.308リッターエンジンを搭載したFP117シリーズが加わっている。

また、大型Fシリーズには、1977年(昭和52年)7月に荷台を200〜275mm低くした低床タイプのFS119型が加わっている。

これは、8×4の前後とも2軸にしたもので、前々輪以外の3軸に装着されるタイヤに16インチという小さいサイズを採用して荷台地上高を低くしたものである。全高が3.8以下に制限されているなかで、かさばるものの運搬に適した仕様で、重心が下がったことで走行安定性も向上した。これには280馬力の直接噴射式8DC7型エンジンが搭載された。

これらのFシリーズ車は、1979年(昭和54年)10月にマイナーチェンジされて排気・騒音規制をクリアしたモデルに切り替わっている。余裕のあるエンジンにしたほかに、スタイルも一部変更、ラジエターグリルとバンパーをブラックに統一して精悍さを出し、装備も充実させている。

*

10トンクラスと4トンクラスにトラックが二極化するなかで、その中間車種ともいうべき6及び6.5トン積みの新型トラックFM型シリーズを1974年(昭和49年)4月に発売している。4トントラックのキャブと大型トラックのシャシーを組み合わせたもので、エンジンは新開発の6D11型直列6気筒6.754リッ

6.5トン積みのふそうFM215型。160馬力の6D14型搭載。全長8980mm、ホイールベース5156mm、3名乗車。

1979年に発売された11トン積みFU313S型トラック。このときにフロントまわりがブラックとなり、上のFS型も含めてふそうのイメージを前面に出した。エンジンは8DC8型275馬力である。

144

第4章 排気・騒音規制のなかの高性能追求(1970年代)

トラクターもF型シリーズの登場にあわせて811及び813型がFP1とFP2型になり、T931型がFV1型に、T911型がFV2型トラクターに代わった。上は1979年のFV型トラクター。

ター、155馬力エンジンを搭載する。中型車の機動性を持ちながら大型車に近い積載能力を持ったトラックにする狙いがあった。集塵車やコンテナ運搬などの需要を見込んだのは、大型車の都心乗り入れ規制が厳しくなることに対応したもの。

このFM型は、次に述べる中型トラック用に開発された直接噴射式160馬力エンジンを搭載してモデルチェンジが図られた1976年(昭和51年)に、このエンジンに換装されてスタイルも一新、FM215型となっている。

●中型トラック

1960年代の中盤には4～5トンクラスでは三菱はシェア50%以上を誇ったが、1970年代になると販売台数が落ち込むことはなかったものの、シェアは他のメーカーに奪われていった。

競争が激しい分野だけに、三菱でも1970年(昭和45年)にはモデルチェンジでT650型となり、さらに1976年にはFKシリーズとして新型モデルを登場させ、1979年にはマイナーチェンジを図っている。

好調だったT620型から、T650型になったのは1970年11月、エンジンの性能向上、キャブの居住性の向上、操作性の向上、安全性の向上、整備性の向上などが図られている。整備性を高めるためにキャブを前に傾けることを可能にしたチルト式キャブにしており、フロントガラスの面積を拡大して視界をよくし、スタイルも時代を反映したものに変えている。ドライバーズシートのスライド量の拡大や上下の調節機能をつけ、リクライニングシートにしている。また、チルト式ハンドルの採用は日本のトラックではこれが最初である。

ふそう中型トラックのファイターシリーズは1970年に左上のT650型になり、1972年にマイナーチェンジでT653型になった。上の室内は高性能版の651型トラックのもの。

145

バリエーションとしては、4トン積みのT650型と4.5トン積みのT651型が、ともに標準ボディのほかに長尺車からダンプカーなどがあり、クレーンやミキサーなどの特装車も用意された。

エンジンは、4.7リッターの120馬力、5リッターの130馬力が搭載されたが、いずれも予燃焼室式の直列6気筒だった。しかし、1970年代の高速走行を前提にした時代では、エンジン性能が不足していたので、その後パワーアップが二度図られた。

1975年(昭和50年)6月に6.557リッターの燃費のよい直接噴射式160馬力6D14型エンジンを投入した。この直接噴射式6D14型と予燃焼室式の6D11型145馬力・6D10型135馬力という3種のエンジンを搭載した、T650系トラックの後継FK型シリーズが登場するのは1976年7月である。

このときのモデルチェンジで大きく変わったのは、キャブのスタイルである。ストリームラインといわれたT650型と違って直線的で押し出しの効いたスタイルに変更され、大型車に近いイメージとなった。フルリクライニングのハイバックバケットシートになり、このクラス最大のベッドスペースを確保するとともに、室内にクラッシュパッドを付けるなどして安全性を高めている。

エンジンルームに遮音板を設置するなどして騒音を低く抑え、軽く操作できる2本スポークのハンドル、軽くなったペダルの踏力、ショートストロークのチェンジレバーなど、機能的で操作しやすいものになっている。

1979年(昭和54年)のマイナーチェンジでは、大型車同様に排気や騒音規制に対応するとともに、装備を充実させている。エンジンは二つの予燃焼室式エンジンのうち135馬力を残して、もう一つは6.919リッターで170馬力の直接噴射式エンジンを追加し、直噴エンジンが2種になっている。走行安定性の向上を図って、フレーム幅を拡大してトレッドを広げている。

三菱の中型トラックのもう一つの系列であるジュピターは、いったん生産中止された後の1972年(昭和47年)6月にふそうT44型ジュピターとして再登場した。3.5トン積み

ファイターシリーズは1976年にフルモデルチェンジされてキャブスタイルなども大きく変化した。ファイターFK型シリーズとなり、このときに135馬力と145馬力と160馬力というエンジンを搭載した。

1979年に大型トラックのF型シリーズとともにスタイルを一新、共通のブラックグリルとなり、FK116型と呼称された。エンジン出力も170馬力に向上している。

第4章 排気・騒音規制のなかの高性能追求（1970年代）

東京製作所における大型エンジンの組立ライン。

でエンジンは110馬力の6DR5型となり、居住性や安全性が向上するなどしたが、スタイルは旧モデルのT40型と変わらなかった。そのうえ、小型トラックのキャンターに3トン積み車が設定されたことや、4トントラックの充実により、存在感が薄くなる一方で、1976年10月に生産はうち切られた。

● 三菱のトラック用エンジンの開発

1970年代は、燃費性能の向上と排気規制をクリアすることが最大の課題になった。予燃焼室式が主流だったディーゼルエンジンは、効率に優れた直接噴射式に切り替わっていった。

一方で、性能向上要求に応えるためにパワーアップ競争を繰り広げながらも、排気規制をクリアするために馬力の向上よりも余裕のあるエンジンにするためにエンジン回転が抑えられざるを得なかった。

三菱のトラック・バス用の1970年代のディーゼルエンジンは、大型用がV型8気筒と10気筒のDCシリーズ、同じく10リッタークラスの直列6気筒の6D20型シリーズ、さらには中型用の6リッタークラスの6D10型シ

リーズの三つが、この時代のものだった。このうちDC型は改良されて進化し、残りの二つの直列6気筒は、いずれも新しく1970年代になって開発されたものである。

〈大型用直接噴射式8DC4型と8DC8型〉

DC型のなかではV型8気筒の8DCファミリーがもっともバラエティに富むが、ボア・ストロークは130×125mm、13270ccの265馬力で出発して、1970年に登場する8DC6型では135×130mm、14886ccと排気量が大きくなり、300馬力を発生した。この予燃焼室式エンジンはFシリーズ登場に合わせて1973年（昭和48年）12月に直接噴射式になり、13270ccエンジンは8DC4型となり同じく265馬力、14886ccエンジンは8DC8型となり305馬力となった。

このときに燃料圧力を高めるために噴射ポンプはA型からAD型に変更されている。また、排ガス規制や騒音規制への対応で、クランクケースカバーの追加やピストン剛性の向上、タイミングギアトレインの強化などが図られている。

もっとも厳しい規制となった1979年（昭和54年）には騒音対策でエンジン回転をそれまでの2500回転から2200回転に落とし、出力は305馬力から275馬力になっている。この1979年には8DC4型は生産が中止され、代わってボア・ストローク135×140mmの8DC9型の310馬力エンジンが登場している。このファミ

大型トラックがモデルチェンジされFシリーズとなった際に直接噴射式となった8DC8型エンジン。

147

リーには1975年に登場したボア・ストロークは130×130mmの280馬力の8DC7型もあったが、1979年でうち切られている。

この直接噴射式となったDCシリーズエンジンは、1980年代も進化して使用されている。

〈大型用直列6気筒6D20型エンジン〉

直列6気筒6DB型に代わる新しい8トントラック用6D20エンジンは1976年(昭和51年)7月のFP型トラックに搭載されてデビューした。バランスのよい直列6気筒エンジンとして、厳しくなる排気規制と騒音規制を意識して開発された。ボア・ストロークは125×140mmの10308cc215馬力/2500回転、圧縮比16、直接噴射式になっているが、路線バス用には予燃焼室式の205馬力も用意されていた。

信頼性を高め、整備性をよくし、低燃費の実現をコンセプトに開発され、古めかしい機構から脱したものになっている。吸排気マニホールド径は大きくなり、吸気マニホールドは2分割され、独立式のシリンダーヘッドになり、各部にOリングを多用してシール性を高め、冷却水流量や潤滑オイル量を増やし、性能のよいオイルフィルターの採用などとともに、補機類や消耗パーツなどで他のエンジンとの共用化が図られた。最初からターボチャージャー装着を意識して開発され、1980年代に改良が加えられて長く使用された。

〈中型トラック用直接噴射式6D14型〉

中型トラック用直列6気筒6D10型シリーズエンジンは、1964年に登場した6DS型に代わって、1974年(昭和49年)2月に姿を見せた。このシリーズにはボア・ストローク105×115mmの5974cc6D10型と、ストロークを130mmに拡大、6754ccにした6D11型がある。前者は145馬力/3200回転、後者は155馬力/2800回転、圧縮比19、いずれも予燃焼室式である。旧型エンジンより大幅に軽量化されている。

中型トラックも燃費性能に対する要求が高まってきたことにより、1975年(昭和50年)6月に6D10型をベースにボアを110mmにして直接噴射式に改良、6D14型としてT656型トラックに搭載された。ピストンの頭頂部はトロイダル型燃焼室となり、インジェクターのノズルは4孔式、寒冷地での始動性をよくするために吸気マニホールドにエアヒーターを取り付けている。このエンジンは1979年には排ガス規制をクリアするために出力を160馬力から155馬力に下げ、このときにボアを113mmに広げた6D15型170馬力エンジンがシリーズに加えられた。

この6D10型シリーズは、1980年代に繰り広げられる性能競争に参加するだけのポテンシャルを持つエンジンであった。

1976年にデビューした8トントラック用直列6気筒6D20型エンジン。厳しくなる排気規制と騒音規制を意識して開発された、10308cc215馬力。

1970年代後半のふそう中型の主流として直接噴射式になった直列6気筒6D14型エンジン。

第4章 排気・騒音規制のなかの高性能追求(1970年代)

いすゞ自動車
新エンジン・モデルで巻き返しを図る

● ゼネラルモータースとの提携

　国内メーカーとの提携が、いずれも思わしい結果にならなかったいすゞは、乗用車部門の不振で経営は苦しい状態が続いた。乗用車は進出した当初よりもシェアが下がる一方で、トラックやバスの収益を注ぎ込まざるを得ない状況が続いた。いすゞにおける乗用車の比率は1962年(昭和37年)には総生産台数の26%だったものが、1970年になると10%まで落ち込んだ。この間の日本の乗用車生産の伸びはトラック生産を大幅に上まわっていたから、いかにいすゞの乗用車が他のメーカーに比較して落ち込んだかが分かる。それでも、せっかく資金を投入して藤沢工場で生産しているので、この部門に力を入れる方針に変わりはなかった。

　1970年(昭和45年)に社長に就任した荒牧寅雄は、ディーゼルエンジンの技術者として石川島時代から活躍していたが、資本の自由化が実施されたところで、アメリカ最大のメーカーであるGMと提携する道を選択した。すでに三菱自動車工業がクライスラーと提携しており、アメリカのビッグスリーは日本に橋頭堡を築こうとしていたときだった。

　いすゞにとっては、安全公害問題が緊急になりつつある時期で、技術的に進んでいるGMに対する期待、海外での販売促進などメリットは大きいと思われた。この提携により、小型自動車の開発でつまずいていたGMは、ワールドカーの開発でいすゞと共同することになり、いすゞの乗用車部門はいっそう力が入るようになった。

　いっぽうで、提携の成果として川崎重工業と伊藤忠の2社を含めた合弁会社「日本GMアリソン」を設立して大型トラック用オートマチックトランスミッションとガスタービンの輸入販売をすることになった。しかし、大型車のAT化は、乗用車のように進まず予想以上に需要は少なかった。大手運送会社は、AT車の車両価格がかなり高くなり、燃費も悪化することで敬遠したのである。同様に排気規制で期待された新しい動力のひとつと目されたガスタービンも実用化されなかった。トラック部門で見れば、GMとの提携メリットは少なかったといえる。

　しかし、その後は、小型ディーゼルに関していすゞがGMグループの中心になるなど、活動の幅を広げている。もともとGMが緩い連合体から出発していたこともあって、自主性を尊重しながらグループとしての活動をすることで、いすゞの独自性が保証された。しかし、景気の波に左右されて、不況のときには無配になるなど、いすゞにとっては厳しい環境が続いた。

● 大型トラクター及びトラックの開発

　1970年代のいすゞの大型車は、いずれもエンジンを新しく搭載する機会にモデルチェ

いすゞのトラック・バスの生産拠点である川崎工場。

149

ンジが図られ新型車が登場している。他メーカーにパワーで差を付けられているハンディキャップをなくすためであった。

1970年(昭和45年)10月には大型トラック用E110型を直接噴射式にしたE120型250馬力エンジンを搭載した11.5～12トン積み大型トラックTMK型シリーズ4車種が登場した。このエンジンを搭載したトラクターとトラックは「ニューパワーZ」シリーズと呼ばれ、後2軸TM65ZD型4輪駆動ダンプトラック、TMK・ZE型トラクターがこれに加わっている。

さらに、1972年(昭和47年)11月にはE120型エンジンは260馬力にアップされた機会に、SP型シリーズという名称になった。基本車種はSPK(6×2後2軸)、SPM(6×2後2軸)、SPZ型(6×4後2軸)、SPG(6×2前2軸ダブルステア)であり、サスペンション形式にも違いがある。従来の10トン積みTMK-E型のモデルチェンジで、新時代に即応する大型トラックとして技術革新が図られた。

居住性、操作性、安全性の観点から疲れを知らないキャビンを目標に、デラックス化、騒音低減が図られた。

荷台はダンプの4.4mからカーゴの7.2mまで揃え、キャブ部分の充実とともにカスタムキャブが設定された。積載量は10.5トンから12トンまである。ブレーキは独立2系統式とし、ステアリング操作力を軽減し、サスペンションは乗り心地とロール剛性を向上させるセッティングにしている。8トンクラスのキャブオーバーSLR型、同じく6トン積みのSFR型、さらにボンネットタイプのTM系も性能向上が図られた。

このときに、トラクター積載荷重12トン及び15トンのセミトラクターがモデルチェンジされて、VP型とVW型が登場して、いすゞのトラクターのバリエーションを豊富にした。

とくにVW型シリーズは345馬力と315馬力の8MA1型エンジンを搭載して車種も揃え、駆動方式も4×2のほか、6×4の重量物用とある。E120型260馬力と240馬力エンジンを搭載するVP型も4×2と6×4とある。

新エンジンに合わせて1970年に登場したTMK・ZE型トラクター。エンジンに合わせて「ニューパワーZ」と呼ばれた。

1972年にトラックと同時にマイナーチェンジされたVPZ440型トラクター。

1972年11月に登場した「ニューパワーZ」シリーズ10トン積みSPK710型トラック。国産では最長の9.7mのボディを持つ。

第4章 排気・騒音規制のなかの高性能追求（1970年代）

11トン積み前2軸のSPG型もラインアップに加わった。E120型260馬力エンジンを搭載、全長10920mm、ホイールベース7200mm。

1974年から戦列に加わった6トン積みSFR500型トラック。エンジンは135馬力のDA640型を搭載。

　E120型V8エンジンだけではパワー競争に勝てないと判断したいすゞは、新しいV型シリーズエンジンであるPA型を開発した。その最初のV型8気筒エンジンを搭載したのは1973年（昭和48年）5月に防衛庁に納入された特別仕様のSKW型で、これは215馬力だった。その後はV型10気筒の10PA1型295馬力が大型トラックの中心エンジンとなって次々に搭載された。このエンジンを搭載したトラックは「ニューパワーV10」シリーズと称された。
　第一弾として1974年（昭和49年）10月に10トントラックSRZ型を登場させて、直列6気筒エンジンの「ニューパワーZ」シリーズと2本立てとなった。これで、いすゞは大型トラック部門で他のメーカーにエンジン性能で負けないようになった。
　V10エンジンを搭載したSR型シリーズには、1976年（昭和51年）に10.75〜12トン積みトラックSRG型（前2軸）及びSRK型（後2軸）が加わり、追加されたモデルは都合9車種となった。
　V型12気筒の12PA1型350馬力エンジンを搭載した高速トラクターVT型が1976年（昭和51年）2月に登場し、ようやくいすゞにとって最大を誇るエンジンが陽の目を見たのだった。
　PA型を排気量アップして10PB1型となったV型10気筒320馬力エンジンを搭載した10トンクラスのトラックSSZ型（6×2）とSSM型（6×4）が発表されたのは1977年（昭和52年）10月で、高性能エンジンシリーズとして設定された。
　1978年（昭和53年）には8トン積みトラックSLR型に新しく8気筒直接噴射の260馬力8PB1型エンジンを搭載してSM型が登場する。これはSP型シリーズをベースにシャシーの軽

8気筒の8PB1型260馬力エンジンを搭載する8トン積みいすゞV8SS型トラック。V10シリーズとは異なる中間車種として登場したが、キャブは大型と共通である。

151

量化を図ったもので、260馬力級タンクローリー専用シャシーとして企画されたものである。駆動系などもこのエンジンに合わせて新しくなり、性能向上が図られている。

1979年(昭和54年)10月には排気、騒音規制をクリアした車両にして大型トラック群のマイナーチェンジが図られた。8〜10トンクラスでは、SL、SP、SM、SR、SSと5シリーズとなり、駆動方式やリアサスペンションの違いで合計14車種となっている。装備や操作性の向上を図るとともに、とかく死角になっていた左下ドア下部に透視窓を設置した。

このときには、320馬力となった10PB1型エンジンを搭載した車種を増やすとともに、標準車より250mm荷台床面の低い6×4低床車を設定した。また、260馬力の8PB1型エンジン搭載の前2軸K-SMG型などを追加してシリーズの充実化を図った。

なお、1960年代から専用キャリアを使用した15〜20トン吊りクレーン車の需要の伸びに対応して、いすゞではYZ20型クレーン専用キャリアを開発、DH100型195馬力エンジンを搭載して発売、この分野にも参入した。

また、大型キャブオーバートラクターはVS型、VT型、VV型の3シリーズ5車種となっている。

●中型トラックの開発

いすゞの中型トラックは1970年(昭和45年)にTY型から5年経過したところでTR型にモデルチェンジされた。このときにはまだセミキャブオーバースタイルを踏襲していた。この2代目からいすゞの中型トラックは「フォワード」という名称がつけられた。エンジンもそれまでと同じD500型を搭載していた。

このTR型フォワードに、いち早く直噴エンジンを搭載したのが1972年(昭和47年)9月である。このクラスは競争が激しく、充実を図るのは焦眉の急となっていた。このときに開発された幅広荷台車、ベッド付きキャブ、7人乗りダブルキャブ、5トンコンテナ専用車、ワイドトレッド車7.1mの超ロングボディ車などを揃えた。

このフォワードは1975年(昭和50年)に早くも3代目となる「フォワード・ザ・ビッグ」にモデルチェンジされる。このときにフルキャブオーバーのキャブとなり、スタイル的に

1977年10月にマイナーチェンジされて10トン級トラックは「ニューパワーV10」SS型となった。全長11850mm、ホイールベース7000mm、10.75トン積みで、その名称が示すようにV型10気筒の10PB1型320馬力エンジンを搭載。パワーアップを図ると同時に居住空間は一段と乗用車ムードになっている。

第4章 排気・騒音規制のなかの高性能追求(1970年代)

も大きく変わった。キャブが全体に前方に来て、荷台スペースが長くとれるレイアウトになるとともに、キャブスペースが拡大したことにより「ザ・ビッグ」と名乗ったのであろう。安全性や操安性なども向上させており、新しくパワーステアリング仕様車やカスタムキャブを設定している。同時に、このシリーズにパワーステアリングなどを標準装備した6.5トン積みJBR型の「フォワード6」を追加した。

エンジンは同じ145馬力の6BB1型であったが、翌76年7月にはフォワードSBR型からSCR型に形式名が変更。このときに「フォワード6」も6BD1型160馬力エンジンを搭載してJBR型がJCR型に変更している。

この160馬力エンジンを搭載したフォワード全輪駆動車SCS370型トラックが1978年(昭和53年)8月にシリーズに加わった。これはダンプ、除雪車、消防車、木材運搬車などの需要を見込んだもので、SCR型をベースにしている。他のいすゞ全輪駆動車と同じく高

いすゞの2代目の中型トラック、1970年発売の4.5トン積みフォワードTR30R型。フォワードと名乗るようになり、D500型エンジンを搭載していた。

速、低速二段切り換えとなっている。

さらに翌1979年には54年の排気・騒音規制に対応して改良が加えられた。同時にパワーアップされた直接噴射式エンジン6BF1型170馬力エンジンを搭載したK-SD型及びK-FD、-JD型シリーズがフォワードに加わった。これらには、荷台床面高さが1000mm以下の低床ボディ車も登場した。

なお、好調な小型トラックであるエルフシリーズに1970年から350型として3トンと3.5トン車が設定され、いすゞトラックはきめ細かく小型から大型までカバーされた。

1975年8月にフォワードはモデルチェンジされ、3代目となる。従来はベッド付きのロングキャブとなしのショートキャブとあったが、改良によりベッド付きキャブだけとなり、旧型よりかなり前方にキャブがきて、その分荷台スペースが大きくとれるようになった。写真は、そのときに登場したカスタムボディのSBR372型。

新しくなったフォワードに超々ロングボディを持つ広幅荷台車SCR550型が設定された。定員3名で、全長9395mm、ホイールベース5500mm、荷台長7200mm。

153

●直接噴射式エンジンの開発

ディーゼルエンジンの開発で実績のあるいすゞは、中型トラックに搭載するエンジンの開発でも、ニーズの高まった直接噴射式エンジンの実用化でリードを保つことに成功した。その手法はきわめて手堅いものだった。

〈大型用直列6気筒E120型エンジン〉

新しい直列6気筒E120型は、E100型エンジンの生産設備を利用して、ボアを最大限にとるためにウエットライナーをドライライナーに替えて125mmから135mmに広げ、ストロークはクランク強度や重量との兼ね合いで145mmにして12リッターにした。開発時の目標馬力は230馬力だった。

これを実現するために、直接噴射式にすることはもちろん、1気筒当たりの吸排気バルブを4本にしてセンターにインジェクションノズルを配置することで、吸排気効率と燃焼効率の向上を図った。

1968年から試作エンジンのテストに入ったが、最初のうちはトラブルが続出した。早く実用化しなくてはならないというプレッシャーのなかで、ポート形状の改良や燃料噴射ポンプのマッチングなどが実施された。開発しているうちに、他メーカーのこのクラスのエンジン性能が向上しており、競争力を保つために目標は250馬力に設定し直された。外注メーカーの協力もあって、当初の計画より前倒しして1970年(昭和45年)には市場投入された。その後も改良が加えられて260馬力にアップされ、1981年に新エンジンが登場するまで使用された。

〈大型用V型8MA1型及び10PA1型〉

V型エンジンのほうは、当初は1969年に実用化したV170型の8気筒を10気筒にしてパワーアップを図る計画だったが、市場に投入されなかった。このシリーズで実用化されたのはV型8気筒V170型を直接噴射式にした8MA1型345馬力だった。直接噴射式にしてグロープラグを使用、寒冷地での始動を容易にするなど新しい技術を投入した。このエンジンは1973年(昭和48年)に345馬力で大型トラクターに搭載されて登場した。

これに代わるいすゞの大型車両用V型エンジンは、ボアがひとまわり小さいものとなった。DA型エンジンの設備を利用して軽量コンパクト化という時代の要請に応えながら、出力と燃費の両立を図るエンジンにするために開発された。

当初はボア・ストローク110×115mmで進められたが、排気や騒音規制に対応するために115×120mmと15%排気量を大きくして、そのぶんエンジン回転を200回転落とすことになった。バランス的には振動などで10気筒は問題があるが、陽の目を見なかった前のV型10気筒エンジンの開発時のノウハウが生かされた。

耐久性にも配慮しており、始動時の白煙は、片バンクの燃料カットにより、もう片方のバンクのエンジンに燃焼負荷を掛けることで暖機を促進させる方法で解決している。

このV型10気筒の10PA1型は295馬力で1974年(昭和49年)に登場、このエンジンを搭載した車両はニューパワーV10シリーズと呼ばれた。

トラクター用のV型12気筒10PA11型は、その2年後に登場している。なお、このV型エンジンの生産に際して最新鋭のトランス

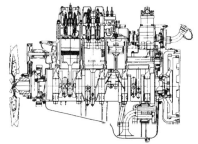

8MA1型エンジンはV型8気筒のV170型を直接噴射式にしたもので345馬力を発生した。

第4章 排気・騒音規制のなかの高性能追求(1970年代)

ファーラインが新設されて、大型ディーゼルエンジンの量産化が達成された。

パワー競争に立ち向かうべく、ストロークを伸ばしたPB型エンジンが付け加えられたのは1977年(昭和52年)のことで、14022ccのV型10気筒の10PB1型は320馬力/2600回転、97キロ/1400回転という性能になっている。その後は12気筒やターボ装着などで、さらなるパワーアップが図られることになる。

〈中型用直噴6BB1型エンジン〉

1970年(昭和45年)から生産された6気筒のD500型5リッターと4気筒3.3リッターの渦流室式エンジンは、燃費性能を良くするために直接噴射式にしたかったのだが、市場に投入することを急いだために実績のある予燃焼室式と同じ副室式である渦流室式でつなぐ道を選択したものである。したがって、市場に投入するとともに、いち早く直接噴射方式への改良がスタート、145馬力という目標が立てられた。

しかし、開発では、出力が思うように上がらず、黒煙も多くなるという問題を抱え、エンジン回転を3000回転以上に上げると性能が安定しなかった。スワール流を起こすために、吸気ポートをヘリカル状にしたところ、目標に近い性能になった。しかし、高温燃焼によるインジェクターのノズルが詰まるトラブルが発生した。これをなくすにはスワール流をある程度抑えた方がよいという

ことで、試行錯誤の結果ピストン頭頂部に四角い凹みを持つ燃焼室にしてみた。これにより、トラブルが発生しなくなり、苦心の末の四角燃焼室ピストンを持つ直接噴射式エンジンが登場したのである。

渦流室式より燃費で15〜20%向上し、低温始動性を良くするグロープラグを世界に先駆けて直接噴射式に採用した。

これが6BB1型エンジンで1972年(昭和47年)に登場、直列6気筒、ボア・ストローク102×110mm5.4リッターで、145馬力を3400回転で発生、1気筒が0.9リッターというのは当時にあっては直噴ディーゼルでは世界最小であった。

翌1973年には同じボア・ストロークの直列4気筒4BB1型が3.5トン積みトラックに搭載された。市販されてからカーノックの発生や始動直後の白煙の発生などの問題が残ったが、エンジンの振動の発生源を抑え、圧縮比を上げるなどの対策で解決した。

このいすゞの四角燃焼室エンジンは好評だった。1976年(昭和51年)にはストロークを118mmに伸ばした5.8リッター160馬力の6BD1型となり、フォワードに搭載された。さらに、1979年には、四角燃焼室に棚を付けた6.1リッター170馬力の6BF1型となった。

このシリーズエンジンは、その後も改良が加えられて長寿を保つことができた。

1972年に登場した6BB1型エンジン(右)の四角燃焼室(左)。中型用エンジンを直接噴射式にするに際して、燃焼室をコンベンショナルなトロイダル式にしなかったのは、燃焼を安定させるためであった。

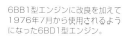
6BB1型エンジンに改良を加えて1976年7月から使用されるようになった6BD1型エンジン。

日産ディーゼル工業

総合トラックメーカーとしての地歩を固める

●4サイクルディーゼルへの切り換え

　他のメーカーが、それぞれのクラスで競合して開発を急ぐなかで、着々と地歩を固めていったのが1970年代の日産ディーゼルである。とくに大型トラック部門では、ユーザーのニーズに細かく対応するために、少量多種生産の方向を鮮明にした。1980年代を前にして日野はクレーン車の製造をやめるが、日産ディーゼルは逆に種類を増やしてこの分野に力を入れている。

　大型トラックの分野でも、1970年までに基本的なシリーズを完成させると、それぞれの用途に合わせた特殊仕様のトラックをシリーズに追加し、バラエティに富んだラインアップにして存在感を示している。

　日産ディーゼルの1970年代は、2サイクルから4サイクルエンジンへの切り換えで始まったということができる。2サイクルUDエンジンも残しながら、主力トラックは新エンジンを搭載してモデルチェンジが図られた。それでも、同社の特徴となった「UD」は、エンジンを指すロゴから同社のトラックを表すものになっており、4サイクルエンジンになってもシンボルマークとして「UD」が使用された。

　特筆すべきことは、1975年(昭和50年)に中型トラックの分野に進出したことである。これにより、日産ディーゼルは総合的なトラック・バスの分野で、他のメーカーと真向うから競合することになり、新しい歩みを始めたのである。中心となる埼玉県の上尾工場はさらに拡充されたが、その生産規模や販売体制に関しては、まだ他の三つのメーカーに追いつかないのが現状だった。

●大型トラックの開発

　1970年代の日産ディーゼルは、大型トラックの分野で次々に新モデルを投入して、他のメーカーに負けない豊富なバリエーションを揃えた。そうした過程で、新しく誕生した4サイクルPD6型及びPE6型エンジンが、次第に2サイクルUD型にとって代わられた。

　1970年(昭和45年)10月に大型トラック用の新しい4サイクルディーゼルエンジンPE6型を搭載する機会にマイナーチェンジされた10トンクラスのトラックは、前2軸のCV型シ

1970年代における上尾工場のエンジン組立ライン。日産ディーゼルではトラック・バスのほかにも建設機械用や発電用・船舶用などのディーゼルエンジンも生産している。

軽量なスチールによる一体構造のボディ。10トンクラスのトラックでは100〜150kg軽量になり、その分積載量を増やすことができる。スチールパイプとスチールの根太を組み合わせて荷台にもフレーム強度を負担させることで軽量化できる。この考えのトラックが1980年代になって登場する。

第4章 排気・騒音規制のなかの高性能追求(1970年代)

リーズ(30HD、30L、30S)、後2軸のCD型シリーズ(30KD、30P、30T、30U)と機種を揃えた。新エンジンによる大トルクと経済性、さらに快適性が強調された。

これは、1971年(昭和46年)7月に行われる大型トラックのモデルチェンジの前段階であった。新開発の4サイクルエンジンの生産が順調に進んだところで、新しいキャブとなり装備も充実して、10～11.5トン積みトラックがモデルチェンジされたのである。CV30型がCV31型シリーズとなり、220馬力PE6型エンジンが搭載され、ターボを装着したPD6T型260馬力を搭載するCV40型シリーズとなった。また、CD30型はCD31型とCD41型となった。CV系が7機種、CD系が9機種となり、これに6×4後2軸のCWシリーズが新しく追加されてCW40型が誕生、これはPD6型にターボを付けた260馬力エンジンを搭載する。

いち早くターボの実用化により、余裕のあるパワーと経済性を謳い、それにともなうミッションやアクスル、デフの強化などとともに、居住空間が改良され、見やすく居心地の良いものにしている。フロントウィンドウも一枚の曲面ガラスになった。

このほかに構内用にナンバーなしの20トン積み後2軸6×4の大型ダンプも求めに応じてつくられた。大容量ベッセル搭載車である。これはUD6型エンジンが搭載されるが、そのほかの大型トラックは、このときに例外があるもののすべて4サイクルPD6型シリーズとなった。

8トン積みのTC型シリーズもCK20シリーズに生まれ変わり、キャブをはじめとしてイメージアップが図られた。荷台は4mから9mまで幅広く揃え、7機種ある。さらに、7.5トン積み4×4のダンプカーTF81SU型などのマイナーチェンジが実施された。

トラクターも1971年(昭和46年)にモデルチェンジされた。トラックとともにニュー

CV31 GD型・積載量11トン、ホイールベース4.3m、荷台長4.9m。

CD31 R型・積載量12/11.5トン、ホイールベース6.07m、荷台長7.6m。

CV31 T型・積載量11.5トン、ホイールベース6.7m、荷台長8.3m。

CD31 U型・積載量11.5トン、ホイールベース6.95m、荷台長9.3m。

1971年のモデルチェンジで10トンクラスは新開発PE6型エンジンを搭載した。

前2軸の6TVC型は新エンジンの搭載時にモデルチェンジされてCV40型トラックになった。ターボ付き260馬力11.5トン積み。

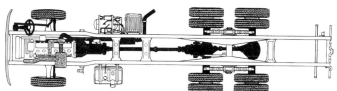

260馬力のPDターボエンジン搭載の11トン積みCW40P型トラック。大型トラックに共通する板厚8mmの鋼板を使用したストレートフレームを持ち、後輪2軸ダブルタイヤで信頼性を重視したアクスル・サスペンションにしている。

6×4の後輪2軸駆動のCW型トラックは1972年に登場、280馬力のRD8型エンジン搭載の10.5トン積みトラック。

キャブシリーズと謳われた。

2軸セミトラクターはCK30、CK40、CK50、CK60とあり、ホイールベースは3.15mである。それぞれ用途に応じて220馬力PE6型、260馬力PD6T型エンジン、280馬力のRD8型を搭載している。同じくフルトラクターのCV40NP型は前2軸である。大型トラックと同じスタイルのキャブとなっている。

3軸のセミトラクター8TVC11型は海上コンテナ用または重量運搬用で、このときはUD8型330馬力エンジンを搭載していたが、1972年(昭和47年)にはV型8気筒のRD8型と10気筒のRD10型エンジンが誕生して、このパワフルな無過給エンジンに切り替わっている。

この1972年には重トラクターCW50GT(6×4後2軸)とボンネットタイプのTW50HTが戦列に加わった。前者が第5輪荷重12トンと15トン、後者が12トンと18トンで、ともに280馬力のRD8型エンジンを搭載する。1973年にはボンネットタイプの6×6の大型セミトラクターTZ50HT型が不整地や山間部で使用するためにつくられた。

大型トラックには、1975年(昭和50年)12月にダンプカーなどの用途のための220馬力PE6型エンジン搭載のキャブオーバータイプの全輪駆動7.5トン積みCF304型をはじめ、タンクローリーやコンテナ専用車、さらにRD8型エンジンを搭載した6×4のCW型シリーズが追加されるなど、毎年のように追加車種が誕生している。

1977年(昭和52年)には、トラクターとトラックがマイナーチェンジされてRD8型エンジンは300馬力になっている。大型トラック

1970年の初めでは世界最大の17.8リッターエンジンを搭載する高速トラクターCK60BT型。第5輪荷重8.5〜9トン、車両総重量14330kgと14830kg。

1975年に登場した4WDのCF30G型トラック。全長7385mm、ホイールベース4280mm、220馬力のPE6型エンジンを搭載する。

第4章 排気・騒音規制のなかの高性能追求(1970年代)

はCV50型からCV51型となり、CD系、CW系も同様である。これに、除雪カーゴトラックとして6×6のCZ型が登場、ボンネットタイプの大型車TW51シリーズも新しくなった。

翌1978年には6×4のトラクターCW60HT型を発売、これはRD10型350馬力エンジンを搭載した。6×2のフルトラクターCV55UP型も加わり、これにはターボの付いたRD8T型330馬力エンジンが搭載された。CW60HT型は第5輪荷重11.5～16トンで大トルクのエンジンに10段ミッションを組み合わせて、力強く効率よく走るものになっている。

1979年(昭和54年)には排気・騒音規制をクリアした車両にしている。

1975年(昭和50年)には6トン積みと7.5トン積みのキャブオーバートラックCK10型とCK15型を発表、すでにある8トン積みのCK20型とともに、中型と大型の穴を埋める車種として、大きな荷物を積んで軽量・廉価・省資源を狙ったシリーズとして出している。これらは1977年の大型トラックと同時にマイナーチェンジを受けた。

1970年代の日産ディーゼルはすさまじい勢いで新型を投入したのである。ちなみに、大型トラックが次にモデルチェンジを受けるのは1979年(昭和54年)のことである。

● 中型トラック〈コンドル〉の登場

ようやく日産ディーゼルが本格的に中型トラック部門に参入したのは1975年(昭和50年)5月のことである。「コンドル」という、かつてバスに使用された名称だが、他のメーカーが中型トラックにネーミングしていることもあって名付けられた。

形式名はCMシリーズである。4～4.5トン積みで、後発のハンディキャップを埋めるために、操作性、エンジン出力、信頼性、スタイルなどで他のメーカーに負けないものにしようと配慮している。とくにキャブは幅が1805mm、奥行き1660mmとこのクラス最大となり、大型トラックのイメージを持つようにして特徴を出している。フロントガラスも青色熱線吸収ガラスを採用、広い室内でベンチレーションにも充分に配慮されている。幅550mm、長さ1750mmのベッドスペースもあり、リクライニング式のハイバックシートになっている。

エンジンは日産トラックなどに使用されているディーゼルエンジンをベースに新開発された直列6気筒ED6型150馬力である。標準カーゴトラックはホイールベース3800mm、荷台長4600mmであるが、長尺車では最大ホイールベース5600mm、荷台長7200mmとなっており、荷台幅も標準車

1979年に登場した10.25トン積みK-CW52型トラック。全長11690mm、ホイールベース6850mm、同時にモデルチェンジされたK-CK、CV、CK型などと共通のキャブになっている。

1979年に登場したフルトレーラートラクターCV55UP型。全長10730mm、ホイールベース6900mm、330馬力のRD8T型ターボエンジンを搭載、6速OD付き。

2060mmより200mmワイドになっている。
　カーゴのほかにコンテナ専用車やダンプカーを含めて6機種を揃え、簡易クレーン付きトラックとともにコンテナ専用や特装車用のベース車も用意された。
　翌1976年(昭和51年)にはパワーステアリングを全車に用意、さらに4トン車で荷台幅2350mmのワイド車も出している。
　1977年(昭和52年)4月、ED6型を直接噴射式に改良した新開発FD6T型170馬力エンジンが登場するのにともない、マイナーチェンジされてコンドルGFシリーズとなった。中型クラスでターボエンジンが使用され、170馬力というのはこの当時では最もパワフルなものだった。さらに1978年にはコンドルGF型のトラクターCM85ATを発表、1979年には6トン

積みのコンドル6が登場、コンドルシリーズの充実が図られた。

●日産ディーゼルの新開発エンジン
　1970年代は、大型トラック用エンジンをUD型からコンベンショナルな4サイクルディーゼルエンジンに切り替えが進んだ。中心になったのは1969年(昭和44年)に開発された直接噴射式直列6気筒PD6型エンジンで、これをターボ化したり、V型8気筒や10気筒にして性能をアップさせたエンジンが登場している。日産ディーゼルはターボ化にも熱心で、中型エンジンのターボ化が他のメーカーに先がけて図られている。
〈大型用直列6気筒PE6/PD6T型〉
　1969年に4サイクル直接噴射式エンジン

4〜4.5トン積みとして1975年に登場したコンドルCM90型トラック。4大メーカーのうち最後に中型に参入した。ホイールベースも3.8〜5.6m、荷台長も4.6〜7.2mまであり、キャブは大型車並みの室内サイズになっている。リクライニングシートで、ハンドルも大型車並みの大きさである。

第4章 排気・騒音規制のなかの高性能追求（1970年代）

1979年に発売された6トン積みのコンドルシックス。

1977年にマイナーチェンジを受けてコンドルGF型となった。

PD6型を市場に出したのを皮切りに、続々とこのシリーズエンジンを投入した。

1970年（昭和45年）に登場したのがボア・ストロークを133×140mmにした直列6気筒直接噴射式PE6型エンジンである。

これは前年登場のPD6型では10トン級トラック用としてはパワー不足（185馬力）であったために、排気量の大きいエンジンにして、これを補うためである。11670ccで、最高出力220馬力/2300回転、最大トルク83キロ/1200回転、整備重量875kgは比較的軽量に仕上げられている。

ドライライナー式でハイカムのOHV型で、振動や騒音を低める配慮がなされ、燃費も良いものになっている。

PD6型エンジンをベースにしてパワーアップを図るために、まずターボを装着したPD6T型が1971年（昭和46年）に登場した。これが日産ディーゼルでは最初のターボエンジンである。パワーアップは40％と大幅なもので、熱的に厳しいところの対策やピストンの強化などが図られている（260馬力/2300回転、92キロ/1400回転）。

1979年にはPE6型のターボエンジンが登場する。275馬力/2300回転で、98キロという大きなトルクを持ったエンジンにしており、中低速域の性能を重視したターボ仕様になっている。シリンダーライナーやピストン系などを改良してオイル消費を減らし、冷却性能を向上させるなどターボ化の技術も進んでいる。

〈大型用V型RD8及びRD10型〉

1972年（昭和47年）にはボア・ストロークを135×125mmとオーバースクウェアにしたV型8気筒と10気筒が登場、これがRD8型とRD10型である。前者RD8型エンジンは最高出力280馬力/2500回転、最大トルク98キロ/1400回転となっている。後者の日産ディーゼ

最初の4サイクルディーゼルエンジンをターボ化したPD6T型エンジン。

直列6気筒大型用のPE6型エンジン。

ルの最高性能を誇るRD10型エンジンは最高出力350馬力/2500回転、最大トルク128キロ/1400回転となっているが、必要に応じて310馬力と330馬力エンジンも用意されている。

このエンジンの登場によりUD型の性能と同等以上を確保するとともに、大型用ディーゼルエンジンの分野で他のメーカーをリードすることができるようになった。

280馬力のRD8型にターボが装着されて330馬力になるのは1978年(昭和53年)で、それまで搭載していたRD8型搭載のトラクターに高性能なエンジンが要求された結果である。

なお、日産ディーゼルの直接噴射式エンジンの燃焼室はいずれもトロイダル型で、ピストンはアルミ合金の鋳物、ピストンリングは3本である。また、各エンジンではできるだけ共通部品の使用が図られてコストダウンが心がけられている。

〈中型トラック用ED型及びFD6型エンジン〉

中型トラック部門への参入にともない、新しいエンジンが開発された。まず2.5トン積みのキャブオールやクリッパーなどに使用されている日産ディーゼルで開発された4サイクル渦流室式の直列4気筒ED30型98×98mm2956ccエンジンをベースにしたものである。ボア・ストロークは100×120mm、5654ccで実績のある渦流室式を踏襲してい

る。積載量を確保するためにもエンジンの軽量化が重要であり、ED30型との共用部品も多くする配慮がなされている。直列6気筒、ウエットライナー式で、シリンダーヘッドは一体鋳造で、吸排気はクロスフロー配置、大容量のオイルクーラーを設け、潤滑や冷却に配慮し、エンジンも剛性を確保した構造になっている。

最高出力は150馬力/3200回転、最大トルク40キロ/1600回転、軽量コンパクト化が図られている。

このエンジンが直接噴射式に改良されてターボチャージャーを装着したFD6T型が1977年(昭和52年)に登場した。燃費と出力性能の両立を図ろうとして、パワーアップは13％程度に抑えて使いやすさを優先させている。最高出力は170馬力/3200回転、最大トルク46キロ/1900回転で、ピストンは4本のリングが嵌められている。シリンダーヘッドにはプッシュロッド側に冷却水通路を設け、ピストンはオイルジェットで冷却されている。ターボチャージャーはギャレット製の小型タイプである。

このターボエンジンをノンターボにしたFD6型が登場するのは1979年(昭和54年)のこと。自然吸気エンジンがターボより後に登場するのは珍しい例である。150馬力/3200回転となっているが、燃費性能を良くし、排気規制に対応したもので、中型トラックはすべてFD6型シリーズに置き替えられた。

日産ディーゼルでこの時代の最高性能エンジンとして登場したV型10気筒RD10TA型エンジン。

FD6T型ターボエンジン。

第5章
空力・電子制御・経済性の追求

（1980～90年代初頭）

1970年代の世界一厳しいといわれた日本の排気・騒音規制をクリアすることでエンジン技術は進化した。これが、日本の自動車メーカーが後に海外のメーカーより優位に立つ原動力となったが、このときに獲得した電子制御技術を駆使して、エンジンは出力性能と燃費性能という、かつてはトレードオフの関係にあったものの両立を図るようになる。同時に、車体側でも燃費低減に貢献すべく、キャブのエアロダイナミクスが追求され、車体の軽量化も課題としてクローズアップされてくる。1980年代はそれまでの右肩上がりの成長が持続しない時代になったものの、1990年代のはじめまでは好況を維持した。ここでは、1980年代だけでなく、1990年代の前半、1993年ころまでの車両についてみることにする。

エレクトロニクス技術の導入と成熟期

●新しい競争段階の展開

　1980年代になると、各メーカーは好調な10トンクラスと4トンクラスに勢力を注ぎ、それぞれの分野でまともに競争するという新しい段階に入った。どのメーカーも将来の方向認識に大きな違いがあるはずもなく、目の前の課題にとらわれてあたふたしながらも長期的な展望にたって開発を進めるようになった。

　違いがあるとすれば、販売力の差や生産能力の差、企業風土の違いなどで、それが製品に反映することになる。日野自動車工業はトヨタ自動車との提携、いすゞ自動車はアメリカのGMとの提携、三菱は三菱自動車工業のなかのトラック・バス部門として、そして日産ディーゼルは日産自動車の子会社であるという関係が、メーカーとしての活動に大きな影響を与えている。

　大型トラックでは、1979年(昭和54年)にいち早く日産ディーゼルがモデルチェンジを図ったが、1980年代にはいるとすぐに日野自動車工業がフルモデルチェンジを行い、他のメーカーも数年の遅れでこれに続いた。これまで中型トラックには各社ともペットネームともいうべき愛称を付けていたが、大型でも、日野がドルフィン、三菱がザ・グレート、いすゞが810型(1990年代にはギガになる)、日産ディーゼルが1990年からビッグサムと名乗り、それぞれ一括した名前で呼ばれるようになり、自社ブランドをユーザーにより強くアピールするようになった。

　エンジンに関しても、すべてのメーカーが直接噴射式ディーゼルを揃えたことにより、1980年代は電子制御技術の導入やインタークーラー付きのターボ装着が進み、新しいレベルの技術競争が繰り広げられた。パワー向上とともに燃費低減が求められ、きめ細かい技術進化をさらに促されることになった。

　1970年代に日野が大型クラスで400馬力エンジンを登場させたが、他のメーカーもこれに刺激されてパワーアップが図られている。インタークーラー付きターボにより馬力を出して、多段ミッションにして燃費の悪化を防ぐのが定石になった。どのメーカーも機構的に着実性のある直列6気筒と、排気量を増大させるために多気筒のV型エンジンを使い分けている。高出力を確保しながら軽量コンパクトにするためにターボ化するエンジンと、低速域からの高トルクを必要とする機種では大排気量のノンターボエンジンを揃

1981年に登場した日野スーパードルフィン。空力を取り入れたキャブになっている。

第5章 空力・電子制御・経済性の追求(1980～90年代初頭)

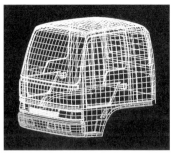

1989年デビューの日野クルージングレンジャー。キャブはCADによる設計で構造解析もされるようになり、あわせて空気抵抗を少なくするためにキャブの上部にエアディフレクターを装着した仕様が登場した。

えている。細部では違いがあるが、基本的なエンジンに対する考えや手法にメーカーによる大きな違いがない。

中型クラスでも、1980年代は200馬力を超えるエンジンが相次いで登場する。

●エンジンをはじめとする省燃費対策

1980年代になってからも、窒素酸化物などを中心にして排気規制が何度も実施されて、それに適合したトラックにしなくてはならずに、そのタイミングでマイナーチェンジが図られることが多くなった。日本の排気規制は、世界でもっとも厳しいもので、それをクリアするためにも電子制御技術は欠かせないものであり、結果として日本のエンジン技術が世界をリードすることになった。

ディーゼルエンジンの課題は、直接噴射式燃焼室にすることから、エレクトロニクスの導入による最適制御と、使いやすく効率の良いターボエンジンの開発にシフトしてき

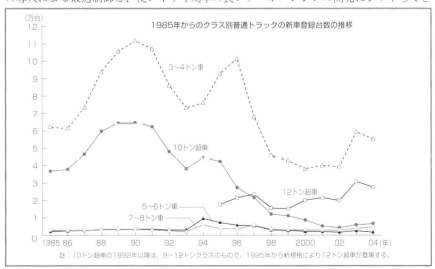

た。充填効率を上げるためにインタークーラーが装着されたり、低回転からターボの効果が出るような可変ノズルターボにするなど、時代が進むにつれて進化していく。

エンジン以外による省資源の達成法として、車両の空気抵抗の削減がある。渋滞する街中を走る

1985年につくられた105トン積みの三菱ふそうトリプルストレーラー。こうした特別な走行は、その都度運輸省の許可を得なくてはできないので、主として特定の構内などで使用される。

ことの多い小型や中型トラックを別にすれば、高速で走れば走るほど空気抵抗が大きくなるから、これを減らすことは燃費に効いてくる。

もともと空力的には不利なスタイルにならざるを得ないトラックの場合は、従来はそれほど重要視されなかったものだが、低燃費にすることの重要性が高まるにつれてなおざりにできなくなったのである。

乗用車の空力理論が進んで、空気抵抗削減のノウハウが導入され、車両開発でも風洞実験に力を入れるようになり、キャブスタイルも大きく変わってきた。

車両の軽量化も重要になってきた。車両重量が軽くなれば、それだけ少ない燃料で走ることができるし、積載量を増やすことも可能になる。この場合、高価な材料を使用して軽量化を図ったのでは意味がない。コストをかけずに軽量化を達成する技術力が必要になる。同様に、一度に運ぶ量を増やす方策がいろいろなかたちで試みられた。

長距離走行が一般化するにつれて、居住空間の快適性確保は、トラックの重要なテーマとなっているが、この進化も留まるところを知らないかのようで、これは、普通の生活の豊かさと連動したものである。貧しい時代では座れればよかった室内は、次第に快適に過ごす私的な空間になり、疲労を軽減できる空間にする必要があった。いっぽう

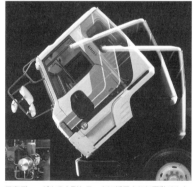

日産ディーゼルの大型トラックに採用された電動チルト。

で、中短距離走行を中心とするユーザーのためにベッドのないキャブにすることで荷台スペースを拡大した中型車が登場し、ますますバラエティに富むようになった。

同時に、交通事故の減少が見られないことから、トラックの安全性がそれまで以上に求められるようになり、キャビンの衝突安全性については、設計の段階から配慮されるようになった。

なお、各車の型式名に「K-」が前につくのは1979年規制の適合車、「P-」がつくのが1983年規制の適合車であることを示している。

第5章 空力・電子制御・経済性の追求（1980～90年代初頭）

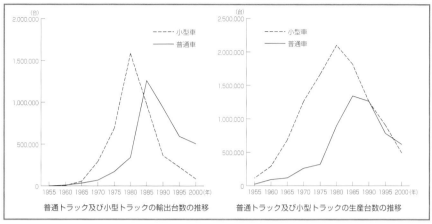

普通トラック及び小型トラックの輸出台数の推移　　普通トラック及び小型トラックの生産台数の推移

●輸出に活路を求める

　1980年代を迎えたところで、トラック製造に関しては、厳しい環境が続くことを覚悟しなくてはならない状況だった。経済成長が鈍化したことは明瞭であり、国内の需要が大幅に良くなることは考えられないなかで、原油の高騰や輸入原材料の価格上昇、さらには環境問題に対する配慮など課題が山積した。1970年代の半ばでは、トラックの代替までの期間は5～6年が50％近くあり、7年以上使い続けるのは15％程度だったが、1980年代に入るとその比率が逆転して、7年以上が45％となり、5～6年で代替するのは40％を切るようになった。長く使用する傾向がこの後ずっと続くことになり、それがトラック開発の仕方に影響を与えてきた。

　国内販売の増加が求められないとすれば、輸出に力を入れるようになるのは当然のことである。1970年代から日本車の輸出は増加の一途を辿っていた。トラックのほうが乗用車よりも国際商品として早くから海外でも認知されていた。

　ライバルメーカーとの競争の連続の中で、どのメーカーも落伍することなく競争力を付けてきていたから、1980年代は、いっそうその傾向が強まったのである。

　1980年代の後半はバブル期にあたり、前半の需要の低迷から抜け出して再び内需が好調になっていくように見えたが、1990年代にはいるとそれまでのつけが一気に回ってきたように長い不況のなかに入り込んでいくことになる。

　メーカーが取り組まなくてはならないのは、省燃費とコスト削減という待ったなしの課題であり、他のメーカーとの競争に負けない性能と耐久性を確保した商品力の構築である。

　1980年代の後半になると、いわゆるバブル景気によって、恒常的にドライバーが不足するようになって、女性ドライバーが増えてきた。それに対応するために、操作性や快適性の向上が、それまで以上に求められ、大型では荷物の積み降ろしに動力を使用してできるだけ人手を減らすことが必要になった。

　ここでは、バブルの崩壊までを中心にして各メーカーの動きを見ていくことにする。

167

日野自動車工業

早めのモデルチェンジで存在感を示す

●先行する車両開発

1970年代にトラック部門で業界をリードした日野自動車工業は、1980年代に入っても新しい時代に即したトラックの開発を心がけ、トップの地位を譲らない意志を示した。他のメーカーは、1983年(昭和58年)に排気・騒音規制が新しく実施される機会に狙いを定めて新型モデルを出す計画を立てていた。

日野自動車工業は、それよりひと足先に、1980年(昭和55年)には中型トラックの「レンジャー」シリーズ、大型の分野で1981年にフルモデルチェンジして「スーパードルフィン」を登場させた。

いずれもエアロダイナミクスキャブとしており、先進的な技術を導入して、新しいシステムが組み込まれた。

日野首脳陣は、1980年代を迎えるに当たって、燃費や環境問題に取り組むための技術革新と販売台数の増加のための輸出の重要性を経営の重要な柱として積極的に打ち出していた。中国への輸出も、このころから積極的に行われている。

1981年(昭和56年)2月には輸出累計20万台を達成し、1982年5月にはディーゼルエンジン搭載車の生産100万台を達成した。このときが日野自動車工業の創立40周年にあたり、記念パーティが本社のPRセンターで開催された。

東南アジアなどのほかに石油で潤う中東への輸出に力を入れるようになったが、この地域では、ヨーロッパのメーカーと競合することになり、商品力の勝負になる。このころには、円高という輸出にとって厳しい状況となり、40周年を迎えた日野自動車工業は、この年を初年度とする「開発力増強3か年計画」をスタートさせた。国内も海外も、質のよいトラックを供給することが最も重要であるという認識を示した。

●大型トラック部門の開発

12年振りとなる大型トラクター及びトラックのフルモデルチェンジで、1981年(昭

1982年5月にディーゼル車生産累計100万台突破に続いて1989年6月に生産累計150万台突破の記念式典が行われた。

日野は1980年代から盛んになったパリダカールラリーのカミオン部門に出場している。ドライバーは菅原義正。

第5章 空力・電子制御・経済性の追求（1980〜90年代初頭）

和56年)5月に「スーパードルフィン」シリーズが登場した。ディーゼルエンジンでは世界初となる電子制御装置「ETコントロール」が組み込まれたエンジン、さらには空冷式インタークーラー付きのターボエンジンも登場、経済的な運行を支援するERモニターなど、新技術がいくつも導入されて、燃費性能の追求に本腰を入れている印象を強めた。

この前年に登場した中型トラックでエアロダイナミクスボディにした日野は、大型車でもそのノウハウを取り入れて空気抵抗の軽減を図っている。

キャブの形状はもちろん、空気の流れをスムーズにする研究が進み、フロントバンパーの両サイドに導風口を設けて空気抵抗を減らすなど、細かい配慮がなされている。また、視界をよくするために計器類を

コンパクトにしてフロントガラス面積を拡大、明るくパノラミックにしている。

注目されるのは、フルフローティングキャブの採用である。キャブ全体を4つのショックアブソーバー付きコイルスプリングで浮かせることで、路面の凹凸などによる振動をキャビンに伝わりにくくして、ドライバーの疲労を少なくしようとしている。ヨーロッパのトラックで一部採用され始めており、この後日本でも急速に普及していく。室内寸法も拡大されている。

また、電動モーターによる油圧シリンダーの働きでキャブをボタンひとつで傾けさせる電動チルト式を標準装備した。これはボタンを押せば30秒でキャブが上がり、15秒で下りるので、整備性が向上、チルト角度も50度と大きくなっている。

他メーカーに先駆けて大型トラックのモデルチェンジをして「スーパードルフィン」が1981年に登場、電動チルト式キャブとなり、室内も乗用車に近いムードを持つようになり、キャブのスタイルも空力性能が考慮されている。

169

空力的なスタイルのキャブの採用、電子制御を駆使したエンジンの改良で、燃費は13〜20%も向上したという。こうした電子制御をはじめとするシステムの採用で「頭脳を持ったトラック」と表現して自信のほどを示していた。

　モデルチェンジでは、前2軸トラックのK-FNシリーズ(6×2)のカーゴ及びダンプトラック、後2軸のK-FR(6×2)シリーズ、後2軸のK-FS(6×4)シリーズが、第一弾として発表された。

　搭載されたエンジンは、直列6気筒EP100型285馬力、V型8気筒のEF550型300馬力・EF750型330馬力などで、燃焼も改善されて低燃費仕様になっている。エンジンの性能向上にともなって、ファイナルギアも変更されている。

　次の1992年(平成4年)のモデルチェンジまで、数度にわたるマイナーチェンジを受けるが、途中で新型エンジンを搭載したり、追加車種を誕生させ、また一部に採用されていた新技術を多くの車種に普及させるなどして、シリーズ全体の充実が図られる。

　1983年(昭和58年)には、新しい排気規制にともなってエンジンを改良してマイナーチェンジされた。セミトラクターも大型トラックもキャブの内外装をグレードアップ、操作性・居住性・安全性の向上が図られた。

　ちょっと変わったところでは、1984年(昭和59年)に発売されたセンターアンダーエンジ

1984年発売のセンターアンダーエンジン搭載の特装トラックP-CG277AU型。

ン搭載の特装トラックP-CG277AU型がある。エンジンを車両中央の床下に納めてフラットな荷台にして前後軸の重量バランスを向上させる試みをしたもので、270馬力のEK200型エンジンを搭載、6トン積みである。

　1986年(昭和61年)には新しい騒音規制にともなってエンジンだけでなく、キャブや機構の一部を改良したマイナーチェンジが実施されている。

　同じ改良はトラクターでは1987年(昭和62年)に行われており、このときにターボエンジンのほかに大型用ノンターボ420馬力、390馬力、360馬力エンジンを新開発して搭載、高出力化が図られ、ハイルーフ車4×2のP-SH型と6×4のP-SS型トラクターが新しく設定された。

　1989年(平成元年)には排気ガス規制にともなってマイナーチェンジされて「NEWスーパードルフィン」となった。V型8気筒や直列6気筒などターボとノンターボ6種のエンジンを開発、翌年にトラクターも同様に「NEWスーパードルフィン」となり、390馬力

1986年にマイナーチェンジを受けてフロントグリルなどが変更されたスーパードルフィンFR339型トラック。

1990年に登場したスーパードルフィンSHセミトラクターは450馬力エンジンを搭載した。

第5章 空力・電子制御・経済性の追求（1980～90年代初頭）

1989年にマイナーチェンジされて、NEWスーパードルフィンとなった。大型バンパーが採用されている。

の新開発ターボエンジンが戦列に加わっている。もちろん、キャブの内外装をはじめ、シートクッションの改良やパワーウインドウ、電動格納式ミラーの採用など操作性や居住性のさらなる向上が図られている。

1992年（平成4年）5月には11年振りのモデルチェンジで「スーパードルフィン・プロフィア」が登場する。旧型モデルより徹底したフラッシュサーフェスとなった新しいデザインのキャブは空力的に大きく進化している。キャブはエアフローティングされて、コイルスプリング支持の旧モデルより振動

を伝わりにくくしている。

エンジンも直列6気筒P11C（300・323馬力）に加えて同じ6気筒で4バルブに改良されたK13型（355/385馬力）が搭載された。エンジンブレーキを強める流体リターダーを標準採用し、車間距離警報装置やマルチディスプレイなどがオプション設定された。

●中型トラックの展開

「風のレンジャー」という名称を付けて、レンジャーシリーズが1980年（昭和55年）にフルモデルチェンジした。

風という言葉を付けることで、これからはキャブをはじめとするボディの空気抵抗を減少させることが大切で、それを実現させたトラックであることをアピールした。

このときは、まだ左サイドのドア下部に透視窓がなかったが、ガラス面積の拡大、フラッシュサーフェス化、電子制御などの新技術を導入した「新風のシリーズ」が1982年に発売されて、マイナーチェンジが早くも図られた。

1982年（昭和57年）の新風のシリーズでは、フロントグリルを新しくデザインして大型バンパーを採用するとともに、190馬力のH06Cターボエンジンを新開発、大型車に先に採用されたETコントロールをオプション設定した。

さらに、翌1983年にはレンジャーシリーズ

1992年にフルモデルチェンジされてスーパードルフィン・プロフィアとなった。輸送文化という考えで21世紀の物流社会へのひとつの提言となる存在を目指して開発された。

171

にP-FD型を新しく設定、大型グリルと角形4灯ヘッドライトを採用、エンジンの出力アップも実施された。このときに、直結トランスミッションをターボ車だけでなく多くの機種にも採用、燃費低減が図られている。

また、ハイグレード車も設定され、ETコントロールや電動チルト、速度感応型パワーステアリングの採用など、操作性・快適性の向上のためのシステムが多くの機種に導入された。中型トラックの高級化が進んだのである。

いっぽうで、1984年(昭和59年)にはベッドスペースのないキャブのトラック「デーキャブレンジャー」を発売した。中距離以下のトラックに不要な装備をなくすことで、輸送機能を充実させた新しいタイプの中型トラックとして誕生した。このシリーズのP-FB型とP-FC型は、ベッドスペースをなくすことで、従来のトラックより荷台を100～130mm長くすることができ、ダンプトラックでは、その分ホイールベースを短縮することで取りまわし性を向上させている。

翌85年にはデーキャブレンジャーシリーズに低床車が追加され、さらに1988年には2900mmのホイールベースのトラックが加わりバリエーションが増えた。この後、このベッドレスキャブの中型トラックは、一つのジャンルとして確立して、他のメーカーからも順次発売される。

1988年(昭和63年)にはレンジャーシリーズ

の国内累計50万台を記念して、内外装や装備を充実したトラックを出したが、翌1989年には9年振りとなるモデルチェンジが実施されて「クルージング・レンジャー」となった。

さながらモデルチェンジは、猫とネズミの関係のように、先行したメーカーのトラックがイメージアップを図ると、その何年か後にそれに対抗して、ライバルメーカーが新しい装いと新技術を導入して登場させる。

そうなると、猫とネズミの関係が逆となる。それぞれに、リードされたメーカーはイメージダウンを避けるためにマイナーチェンジを図ることになる。

このモデルチェンジは、1989年(平成元年)の排気規制に対応するタイミングで行われたもの。スタイルを一新、新開発240馬力のターボエンジンも用意した。

フラッシュサーフェスを徹底させ、空気抵抗軽減の形状にするとともに、パワーシフト、パワーウインドウ、電動格納ミラーの標準装備化に見られるように、乗用車並みの操作性・快適性が追求されている。ドライバーの負担をできるだけ減らすように配慮されたのである。

同時に、中型車は大型車並みの長距離走行から、市街地など短距離を中心とした走行までのパターンに対応するために、高出力エンジンから低中速を重視したエンジンまで揃えなくてはならなくなった。

さらに、1991年(平成3年)にはマイナー

1980年に空力を配慮したキャビンとなって登場した「風のレンジャー」。このときにはまだ左サイドの透視窓はなかった。

第5章 空力・電子制御・経済性の追求(1980〜90年代初頭)

1982年に新風のレンジャーが登場。写真はFD164型レンジャー+5。
1984年にデビューしたベッドレスキャブのデーキャブレンジャー。

チェンジされ、1992年にはフルタイム4WD車が設定された。この4WD車は、フロントデフをコンパクトにした上で16インチタイヤを採用して、2WD並みのフレーム高にしている。

● 日野のエンジン開発

大型用には、他メーカー同様にターボを装着する直列6気筒と、排気量が大きくできるV型8/10気筒とあり、日野の場合はV型でも出力向上はターボ化で達成していたが、次第にV型多気筒エンジンはノンターボにしていった。

〈大型トラック用直列6気筒エンジン〉

1980年代の日野では直列6気筒エンジンを3機種開発している。EP100型エンジンと、その後継となるP09C型、さらにはEK100型の後継となるK13C型である。

1981年(昭和56年)に登場したスーパードルフィン用に開発されたEP100型は、空冷式インタークーラーを装備したターボエンジン

1989年にフルモデルチェンジされて「クルージングレンジャー」となった。空力的な追求と快適な室内のキャブとなった。フロントリッドを設けて簡単な点検整備を容易にしている。

173

で、排気量は9リッターに抑えて軽量コンパクト、排出ガスのクリーン化、低燃費を狙うもので、EM100型エンジンをベースにしている。燃焼の精密な制御を可能にするETコントロールや経済的な走行状態を示すERモニターの採用、総合的な電子制御により最適な空気の吸入や噴射タイミングの設定などで燃費の低減を果たしている。ピストンにはクーリングチャンネルを設けて冷却性能を高め、トロイダルタイプの燃焼室、5噴孔インジェクターで低速時の微粒化を促進している。このエンジンは1985年には吸気システムや燃料噴射ポンプの改良などで10馬力向上、さらに翌86年には冷却性能をよくしたりフリクションロスを低減させて30馬力の向上を果たしている。

1986年(昭和61年)に姿を見せたK13C型エンジンは、EP100型より排気量が大きいインタークーラー付きターボで、摩擦損失を減らすために最高出力のエンジン回転を2000回転にしている。ターボは小型化されており、電子制御式ウェイストゲートバルブにより過給圧を制御している。

1990年(平成2年)には排気規制への対応とともに345馬力/2000回転と375馬力/2000回転になり、さらに1992年にモデルチェンジされたスーパードルフィン・プロフィアでは、4バルブ化されて355馬力と385馬力に改良されている。

EP100型の後継のP09C型エンジンは1989年(平成元年)にデビュー。大型トラック用としては小排気量を維持しながら高過給による高出力の達成を狙い、同時に低燃費を実現するコンセプトを追求したエンジンである。排気量は8800ccで、300馬力/2150回転と325馬力/2100回転という性能で、このエンジンは改良が加えられて1990年代にも使用されていく。

〈大型用V型8/10気筒エンジン〉

直列6気筒EP100型と同時に1981年(昭和56年)にデビューしたのがV型8気筒のEF550型とEF750型である。EF750型は137×142mmの16260ccで無過給が330馬力、ターボが360馬力。

この後、高出力エンジンに対する要求が高まり、EF750型を2mmボアアップして出力を370馬力にしたF17C型エンジンが1987年に新機種として生まれた。改良の主要点としては、電子制御式慣性過給装置の採用、燃焼室形状、冷却性能の見直しなどである。慣性過給効果をあげるためにマニホールド形状などはコンピューターによるシミュレーションして仕様が決められた。

1989年(平成元年)には、シリンダーライナーをドライ方式にしてボアを146mmまで拡大し、排気量を19688ccにしている。自動車用V型8気筒としては世界最大となる排気量であるが、その弊害がでないように冷却などの改善をしている。このF20C型は380馬力を発生、ターボを装着したF17D型は520馬力という高性能エンジンになった。

1980年代の半ばにはトラクターの需要が高まるのに合わせて、日野では専用のエンジンを開発する。低速域からの加速などを考慮して、無過給でトルクが大きくてもコンパクトなエンジンとして(昭和62年)1987年に

ETコントロールを最初に採用した直列6気筒EP100型エンジン。

1990年に登場した直列6気筒インタークーラーターボ装着のK13C型エンジン。

第5章 空力・電子制御・経済性の追求（1980〜90年代初頭）

登場したのがV型10気筒のV21C型エンジンである。高速走行する2軸トラクター用として20.9リッターのV21C型、重量物運搬用3軸トラクター用として21.5リッターのV22C型エンジンがあり、前者が390馬力、後者が420馬力を実現した。狙いは、軽量コンパクトにすることで、積載量を確保するとともに生産コストを抑えることであった。このエンジンは、F17C型などのV型8気筒エンジンと部品の共通性が図られており、吸排気バルブの位置や燃焼室形状は同じである。

1989年（平成元年）には、この年の排気規制に適合するために改良が加えられて、21.5リッターのV22D型と24.6リッターのV25C型となった。前者は410馬力/2200回転、後者は450馬力/2200回転になり、V25C型は排気量の大きさでは最大であった。

〈中型トラック用直列6気筒エンジン〉

1982年（昭和57年）にEH型エンジンのストロークを5mm伸ばして108×118mmとしたターボ仕様H06CT型エンジン（190馬力）が日野レンジャーに搭載された。

翌1983年には、このシリーズにH07C型及びH06C型が付け加えられて、レンジャーシリーズはこのエンジンに統一された。主運動系部品の見直しで重量軽減とともにフリクションロスの低減も図られた。6728ccのH07C型が175馬力、6485ccのH06C型が165馬力である。

1989年（平成元年）には、排気量7412ccになったH07C型の後継エンジンであるH07D型が登場、195馬力となった。H06T型はH07T型としてターボ装着され、排気量は変わらないが215にアップしている。同時に新しくインタークーラー付ターボのH06TI型が加わり、240馬力を誇った。

また、H06型の後継はW06E型となった。これは、積載量の少ないレンジャーKM型に搭載された直列4気筒のW04D型の6気筒版である。軽量コンパクトなエンジンとして設計されたもので、ボアが104mmと比較的小さいものからスタートしている。旧来のDQエンジンをベースに直接噴射方式にしたエンジンで、ボアに対して燃焼室となる窪みが大きくて浅くなっているのが特徴である。W06E型では104×118mmで排気量は6014cc、165馬力で、デーキャブレンジャーに搭載されている。

1987年に新機種として生まれたV型8気筒F17C型エンジン。

1989年の排気規制に適合するために改良が加えられて登場した24.6リッターのV型10気筒V25C型エンジン。

直列6気筒のターボエンジンであるH06C-T型。

175

三菱ふそう
ザ・グレートの登場とターボエンジン攻勢

●充実するトラック部門

軽自動車から乗用車、それに大型トラックまで総合的な自動車メーカーである三菱自動車工業は、1980年代のトラック部門は、極めて順調だった。満を持してモデルチェンジした主力の大型及び中型トラックは、いずれも内容的に充実しており、乗用車部門が好不調の波にもまれるのとは異なり、安定した販売台数で推移した。

1980年代は、トラック業界の平均的な伸びを上まわっており、フルラインメーカーの強みを発揮して2トン積み以上のトラックで見れば、1990年(平成2年)には国内登録台数が11万7000台を超えてトップとなり、バスとトラックの普通車部門では、この年に21万台を上まわって、世界一の生産台数を誇った。

1980年代は、排気規制の実施で1970年代に失われたパワーを取り戻そうとして採用されたターボエンジンがブームとなった。その仕掛けは乗用車部門では日産であったが、三菱もきわめて熱心で、すぐにフルインターボ路線を敷いた。ディーゼルエンジンは、もともとターボとは相性がいいエンジンであるが、この分野で三菱は1980年代の前半には早くもインタークーラーを採用し、可変ターボとし、さらにはツインターボの登場と、ターボエンジンを積極的に採用して違和感のないフィーリングにすることに熱心だった。

●大型トラック部門

まず大型トラックのFシリーズが1983年(昭和58年)7月に10年振りにフルモデルチェンジされた。このときから「ザ・グレート」という名称が付けられ、新時代を感じさせるトラックとして登場した。もっと早く発売したかったようだが、輸出の伸びが期待できる小型車部門が優先されて、大型トラックの開発はいささか遅れ気味となっていた。

ユーザーの期待に応えるために、燃費の低減などの経済性、居住性や操作性や安全性などの使い勝手の向上などが開発の重要なポイントとなり、最初からバリエーションを整えて発売した。

トラックは前2軸6×2のFT型、後2軸の6×2のFU型、後2軸の6×4のFV型と3シリーズ、

1981年にトラックの生産累計100万台に達し、1990年には200万台を突破、その記念式典が挙行された。

丸子工場ではクレーン車や特装車を生産していたが、1987年に川崎工場の拡張により、このラインは閉鎖された。

第5章 空力・電子制御・経済性の追求(1980～90年代初頭)

それぞれ17機種、33機種、5機種の計55機種。キャブなどはすべて共通で、できるだけ共通部品を使用するように配慮された。

目を引くのはスタイルで、空気抵抗の低減に配慮している。キャブの形状だけでなく、ヘッドボード型ルーフ、窓やつなぎ部分のフラッシュサーフェス化、大型コーナーベーン、オプションでのエアダムスカートなども空気抵抗を減らす努力がなされた。空気抵抗係数Cd値0.57としている。

キャブのフロントウインドの面積が大きくなり、角形ハロゲンヘッドライトの採用、ペリスコープミラーシステムの採用などで視認性を良くして安全性を高めるとともに、フルフローティングキャブ・サスペンションの採用で、路面からの振動をキャブに伝わりにくくしている。

フルトリム内装、フルアジャストドライバーズシートの採用、空調システムの充実などで、ドライバーの快適性を向上させている。さらに、1本レバーで操作できてチルト時間を短くした油圧式チルトキャブの採用など、きめ細かい配慮がなされた。

エンジンも新しい機構が採用されて低回

1983年に登場したザ・グレートはスタイルを一新、クレイモデルや風洞実験を重ねてスタイルが決定した。剛性を高めたフレーム、フルトリムにして遮音性と断熱性能を高めた室内にしている。

177

1984年に登場したFT415N型フルトレーラートラック。

強力な380馬力エンジンを搭載して1984年に姿を見せたFV415JD型ダンプトラック。

転・高トルク型の性格を強めたものになり、インタークーラー付きのターボエンジンも新しく加わった。

これらのエンジンにオーバードライブ付き7段トランスミッション車が加わり、6段ミッションとともにファイナルギアを低燃費方向にセットするなどで経済性に優れたものにしている。

また、省エネを目的にした運行システムである「エコノミードライブ」のEDモニターを装着することで、燃費に配慮した運転を可能にしている。同時に、運行状況データコンピューター「MCVOCSⅡ」を採用して、運行システムの充実を図っている。

軽量化の面でもシャシー重量を50～160kg軽減しており、FUシリーズにはR（レイコ）リアサスペンションを採用して、後2軸にかかる荷重の均一化が図られている。

2ヵ月後の9月には8トンクラスのトラクターFP-R型シリーズ（4×2）、8トントラックFP型シリーズ（4×2）、9トントラックFN型シリーズ（低床6×4）、10トントラックFS型（低床8×4）など23機種が追加されて充実が図られた。

FP-R型トラクターに搭載された330馬力イ

ンタークーラーターボエンジンには、燃焼室に設けられた第3のバルブが作動してエンジンブレーキをきかせるシステム「三菱パワータード」が採用されている。

さらに、その2か月後の11月に登場したFU型ダンプとFV型トラクターには可変ノズルターボを装着して、フレキシビリティのあるターボを実現している。

1984年（昭和59年）1月には、フルトレーラートラックFT415N/T型とともに登場したダンプトラックFV415JD型に380馬力のツインターボが装着された。このときには、ポールトレーラートラックFV415P型や除雪トラック7トン車のFR415H型4×4と同じく10トンのFW425M型6×6が加わり「ザ・グレート」シリーズは87機種となっている。

この後の大きな改良としては、1988年（昭和63年）にすべてのターボエンジンをイン

1989年モデルのザ・グレートFV型11トン積みトラックにはノンターボのV型8気筒355馬力エンジンが搭載された。

第5章 空力・電子制御・経済性の追求(1980〜90年代初頭)

1991年にマイナーチェンジを受けたザ・グレートFU型11トン積みトラック。

ターク一ラー付きにしたこと、1989年には新開発のノンターボエンジンを登場させ、同時にパワーアップが図られたエンジンを搭載したことなどがあげられる。

1991年(平成3年)10月のマイナーチェンジでは、新開発のノンターボの強力なエンジンが搭載されるようになり、要求の強かっ

た大排気量無過給エンジン搭載車がラインアップに加えられた。このときに8×4の軽量サスペンションを採用した低床トラックが新しく設定されている。また、軽量化を図りながら信頼性を向上させた「スーパーフレーム」の採用を拡大している。

●中型トラックの開発

1981年にマイナーチェンジを図り、1982年にはターボエンジン搭載車を追加するなどしてきた三菱の中型トラックのファイターFK型及びFM型シリーズが、1984年(昭和59年)2月にフルモデルチェンジされた。3.75〜5.5トン積みのFK型は52形94機種、7〜7.75トン積みのFM型が7形7機種で、総称して「ふそうファイター」と名付けられた。

基本的には、大型トラック同様に省燃費や快適性・安全性の向上がめざされている

1984年に新型となったファイターは、大型トラックと共通したスタイルのキャブとなっている。テレスコピック・チルトハンドルを採用、写真の室内は標準仕様。豪華なカスタム仕様も設定された。

179

が、数量の出る分野だけにバリエーションの充実が重要な狙いであった。

スタイルは大型のザ・グレートと共通のイメージにするように心がけられており、キャブ前方を絞ったウエッジシェイプにしたのが特徴である。車体下部のエアダム一体型バンパーにして、空力特性を良くするように配慮されている。

室内を広くするのは大型トラックより難しいが、それを実現させる努力がなされている。内装に金属部分が見えないようにフルトリムにするなど、コストの許す範囲で大型トラックと同じにしている。

エンジンは1983年(昭和58年)の規制をクリアしたシリーズになり、ターボエンジン搭載の195馬力には電子制御タイマーがオプション設定されている。フルフローティングキャブ、電動チルトキャブ、フルオートエアコンなどが大型車同様に設定されている。

長距離高速輸送から市街地の輸送まで幅広く使用される中型トラックでは、使用形態に応じたバリエーションが求められる。そのために、3ヵ月後の5月には車両運搬や軽量かさ物などのための近中距離輸送のトラクター、電子機器や精密機械など振動を嫌う輸送を考慮してリーフスプリングとエアスプリングを併用したサスペンション車、荷台部分のフレームをハシゴ型からTボーンタイプにして荷台の低床化を図って架装スペースを拡大した車両と、3機種が追加された。

1986年(昭和61年)になると、ファイター・ミニヨンが新しく設定された。大型トラックの積載量と中型トラックの経済性を兼ね備えた7トン級トラックKM型を設定したのと同様に、中型トラックと小型トラックの中間を狙った新シリーズである。

ミニヨンとは「ミニ四トン車」とフランス語のmignon(小作りで優美なという意味)を掛けて名付けられたもの。ファイターのシャシーと小型トラック・キャンターのキャブを組み合わせたベッドレスキャブ車である。特装車用の多様化に対応するためでもあり、機動性を発揮しながら積載量も確保することを目的にしている。エンジンは6D14型160馬力と6D15型175馬力で、ホイールベースは2850mmから4810mmまで6種類の設定、低床荷台、軽量荷台、ダンプなど豊富なバリエーションとなっている。16形式24機種ある。

1988年(昭和63年)には、中型ファイターシリーズに4×4の4WDトラックのFLシリーズが加わり、FK、FM型と合わせて3シリーズ

ファイターFK型のシャシー。高張力鋼板が使用されたはしご型フレームを採用している。

ベッドレスキャブという中型車のカテゴリーとして1986年に誕生したファイター・ミニヨン。

1988年に登場したファイターシリーズ4WDトラックのFL型。

第5章 空力・電子制御・経済性の追求(1980～90年代初頭)

になった。6D16型185馬力エンジンが搭載され、4WDへの切り替えはスイッチによるハーフタイム4WDである。

ファイターシリーズが次にモデルチェンジされるのは1992年(平成4年)7月である。インターバルは8年と他のメーカーより短くなっており、中型トラックの分野でトップの座を維持しようと意欲的な開発だった。

このときの開発テーマは人や社会に優しく調和する安全快適性の追求で、ドライバーの負担を減らすことと空力を考慮した斬新なスタイルにすることに力が注がれた。

キャブはラウンドキュービックといわれる形状にして徹底したフラッシュサーフェス化が図られて、空気抗力係数Cd値0.48を達成している。そのうえで、普通乗用車に近い快適なキャビンにする努力が払われ、室内照明やクローゼットや音響装置にまで気が配られている。

操作性や居住性も向上、液体封入ラバーマウントのキャブサスペンションやダンパー付きのシートサスペンションが採用されている。エンジンも性能向上が図られた。走行性能に関しては、フロントトレッドの拡大やサスペンションなどを改良して直進安定性を良くしており、旋回性能も向上させている。フレームも新設計され、フロントアクスルを前方に配置して架装性を向上させている。

●トラック用エンジンの開発

三菱の大型トラック用ディーゼルエンジンは、直列6気筒の6D20型シリーズとV型8気筒の8DC型が中心である。1970年代までは、性能向上を図るにはボアやストロークの拡大で排気量アップが実施されることが多かったが、1980年代ではターボ化による性能向上が主になっている。

〈大型トラック用ターボエンジン〉

ターボ化の最初は1980年(昭和55年)2月に大型トラックFT318型及びFU318型に搭載した6D22T0型270馬力である。これは直接噴射型となった直列6気筒の6D22型にドイツのシュビッツァー製ターボを装着したものである。

続いて同年3月に直接噴射式のV型8気筒8DC9型にツインターボを装着して8DC90T型360馬力にして、大型トラクターのFP215DR及びFV215JR型に搭載された。

こうした前段階をへて、1983年(昭和58年)に登場したザ・グレートシリーズにはインタークーラー付きのターボエンジンの6D22T型が新開発されて搭載された。3種類の過給圧の異なるターボは、燃費効率を高めるととも

1992年にモデルチェンジが図られたファイターはエアロフォルムスタイルをさらに徹底させた。室内はソフト&ラウンド感を基調にデザインされている。

もに高トルクにして性能向上したものと、最高回転を低めて、低中速域の性能を向上させる慣性過給システムと噴射タイミングの最適化を図るECタイマーの採用により、低回転・高トルクにしたエンジンとがある。エンジンは285/300/330馬力となっている。

さらに、1985年(昭和60年)にはV型8気筒の8DC9型のターボにインタークーラーを設置して430馬力と性能向上を図った。

過給性能に違いがあるターボエンジンはタービン容量によって、低中速域を優先すると高速域が犠牲になる。そこで考え出されたのがノズル可変式のターボで、三菱ではこれをVGターボと名付けて1982年(昭和57年)に実用化した。タービン容量がエンジン回転数やアクセル開度などにより3段階に変化するもので、低速トルクを確保しながら高速域でのターボ性能を生かすものである。

こうしたターボの技術は、三菱重工業の相模原製作所で開発されており、エンジンへのマッチングでは共同でテストされて実用化された。

1980年代のエンジンに関する開発で重要になったのがエンジン制御技術である。まずは燃料噴射系の電子制御システムから始まり、噴射タイミングの最適化を図る電子油圧式ECタイマーとして実用化された。

排気ガスのうちディーゼルエンジンでもっとも問題になるのが粒状物質PM(煤)と窒素酸化物NOxである。当時はNOxの削減が緊急であり、そのためには燃料噴射タイミングを精密にコントロールして燃焼温度を下げる必要があった。燃料の噴射量を制御するガバナーも、電子制御されるものが開発され、燃焼を良くするのに欠かせない燃料ポンプも低速域で高圧化し、高速域では従来程度の圧力に可変する電子制御噴射ポンプが開発された。

また、吸気ポートにスワール制御用の副ポートを設けてスワールコントロールバルブを3段階に分けてスワールの強さを変化させる電子制御可変スワールシステムが開発され、始動性を良くするためにグロープラグの予熱を電子制御する三菱オートプレヒート・システムが開発された。

従来は、トレードオフの関係にあった性能を、電子制御技術を駆使することで高度に妥協させて排気規制に対応し、同時に燃費の節減と性能・ドライバビリティの向上などを図ろうとしている。

1979年(昭和54年)に直噴ターボとして登場した6D22T型は、1982年に改良され、インタークーラーを装着したターボにするとともに、慣性過給、パワータード、VGターボ、可変スワール、プレストローク式噴射ポンプなどの新技術を導入し、8トンクラスの225馬力から330馬力まで幅広くカバーしたエンジンになっている。燃費を優先した仕様のエンジンはターボ付きながら270馬力に抑えており、VGターボやインタークーラー

1982年に改良され、インタークーラーターボエンジンとなった直列6気筒6D22T型。

1985年にターボにインタークーラーを装着したV型8気筒8DC9型エンジン。

第5章 空力・電子制御・経済性の追求(1980～90年代初頭)

の装着などで燃費性能と出力性能のバランスをとっている。

　ターボ仕様は、6D22T0からT1・T2・T3・T4とあったが、このうちT0とT1型が統合して1988年(昭和63年)10月にT6型となってインタークーラーを装着している。また、このときにT4型は可変慣性過給、電子ガバナーなどを装着してT7型となり、300馬力から310馬力に向上している。なお330馬力のT3型はそのまま存続しているが、トラクターなど重量のあるトラックに搭載されているので、エンジンブレーキをきかせるためにパワータードがオプション設定されている。

　1990年(平成2年)にはボアを135mmに広げて4バルブ化した6D40型シリーズが登場している。これは330馬力/2200回転で、前2軸のザ・グレートFT型に搭載された。

〈大型用ノンターボV型8気筒エンジン〉

　最初からノンターボエンジンとして開発されたのが1991年(平成3年)に登場した8M20型エンジンで、DC型エンジンをベースにして145×150mm、20089ccと一つのシリンダーが大きいV型8気筒で、気筒当たり4バルブ、フリクションロスを小さくできるニードルローラタペットを採用、それまでの3バルブから4バルブ方式のパワータードを採用して高出力化を図っている。性能は高出力型が400馬力/2200回転、標準型が375馬力/2200回転となっている。

〈中型クラス用の6D10型シリーズ〉

　1983年(昭和58年)にファイターには6D14型ターボの195馬力をはじめ、6D15型の175馬力、6D14型160馬力のノンターボ直列6気筒エンジンが搭載された。その後1987年にボアが118mmに拡大されてドライライナー式になり、6919ccの6D15型から7545ccの6D16型185馬力となった。このときにターボ付きの6D14T型が200馬力にアップ、インタークーラーを付けた6D15T2型は230馬力となった。ストラット型ピストンになり、燃焼室形状

も新しくなるなど、新世代エンジンとしての技術が導入されている。このエンジンは、1993年(平成5年)にはパワータードブレーキを装着して、出力を245馬力まで上げた6D15T3型となった。

　6D型シリーズは、1992年(平成4年)の新型ファイターの登場に合わせて改良された。性能向上を図るとともに音源に対する対策がとられたり遮音材を採用するなどして静粛性を良くしている。ボア・ストローク113×115mmの6919ccで、フラッグシップとなるパワータード付きインタークーラーターボの6D15T3型は245馬力/2700回転となった。

　いっぽうで、ターボに頼らずに性能向上を図るエンジンとして、ボア・ストロークが118×125mmの8201ccという排気量の直列6気筒6D17型210馬力も、このときに戦列に加えられた。

ファイター用195馬力の直列6気筒6D14型ターボエンジン。

インタークーラーターボの直列6気筒6D15T3型エンジン。

183

いすゞ自動車
大型トラック810シリーズの登場

1981年(昭和56年)にはGMとの提携10周年を迎えたいすゞは、GMのワールドカー構想の一角を担い、その開発に協力し、開発技術陣の多くを乗用車に割いており、生産でも藤沢工場の拡張などの投資をしている。

トラックと乗用車の開発と生産では、異なる発想と技術が必要であることを認識しているものの、GMグループの一員としての協力を積極的にせざるを得ない立場にあった。乗用車部門は、採算がとれずにいすゞにとって大きな足枷になっていたことは否定できない。

ただし、エルフやSUVなどのような、ある程度の量産を前提にした車両開発にはプラスになっていた面もあるといえるだろう。多くの製作所を抱える三菱を除けば、1982年に累計生産500万台を1982年(昭和57年)5月に達成し、1984年12月には600万台に達しているというのは、他のメーカーの追随を許さないものでもある。

1980年代を迎えたいすゞのトラック部門は、従来のように市場の動向に配慮しながらも、自分たちの都合を優先した開発にならざるを得ないところから脱して、他のメーカーに負けない製品づくりに力を入れるようになり、技術的にもリードしようとする意気込みが感じられる。競争がシビアになってきたからでもある。

1987年(昭和62年)12月には創立50周年を迎え、式典が挙行された。

●大型トラックの展開

1983年(昭和58年)8月に15年振りとなる大型トラックのフルモデルチェンジが実施され「810」シリーズが登場する。

当然のことであるが、新しい時代を反映して空力を考慮したキャブになっており、フロントやサイドのガラス面積が大きくなり、視認性を良くするとともにあか抜けたスタイルになっている。とくに角張った従来のスタイルから角部の丸みを強調し、空気抵抗を小さくするとともに風切り音の低減を図っている。

キャブサスペンションを採用して乗り心地の向上が図られ、各種の装備やシステムで操作性・居住性・整備性の向上が図られている。サスペンションをはじめとするシャシーも見直されて、乗り心地を良くするとともに振動を少なくする努力が払われている。

エンジンは、それまでのPB型からPC型になり、出力も260～355馬力にアップしている。もう一つの新エンジン6RA1-TC型はインタークーラー付きターボ300馬力で、いずれも高出力でありながら低燃費を達成しようとする意図を持ったエンジンである。トラクター用にはPCシリーズエンジンの最高峰12PC1型390/355馬力エンジンとし、295～390

小型車を量産しているいすゞはトラックメーカーとしては異例の生産累計600万台を1984年に達成した。

第5章 空力・電子制御・経済性の追求（1980～90年代初頭）

1982年に登場したプログレッシブサスペンションを採用したK-VVR300型トラクター。

馬力のラインアップとなった。

なお、このモデルチェンジ前の1981年には4×2セミトラクターK-VTR310型を追加しているが、これは新しいホイールベースを採用して軸重を変更するなどして建設省令に適合したセミトレーラー連結車となること

で、特殊車両通行許可を不要にしている。また、1982年（昭和57年）に登場したK-VVR300型トラクターは350馬力の12PB1型エンジンを搭載し、リアサスペンションは荷重に応じて3段階でバネ定数が変化するプログレッシブスプリングを採用して、空車時と積載時の荷重変化に対応して安定した走行性の確保を狙っている。

1980年代は排気・騒音規制に加えて安全基準も厳しくなり、各社ともその対応に追われることになるが、いすゞではこうした機会を捉えて、次の「ギガ」シリーズが登場するまでに3度にわたるマイナーチェンジを実施している。

その最初は1986年（昭和61年）2月で「810スーパー」として、騒音規制に対応したものである。スタイルの変化としてはヘッドライトが丸形から角形4灯になり、このときにカーゴトラック専用のターボエンジン6SD1型が投入された。300馬力を発生しながら軽量化を達成した新世代エンジンで、従来の搭載エンジンより大幅に軽量化された。これにともなって新開発の7段ミッションが組み合わされ、低燃費指向を強めた。

このときにオプションとしていすゞが開発した独特の機構を持つ自動変速機であるNAVI6が設定された。乗用車に比較してトラックではAT車の普及は進んでいなかったが、その先陣を切るいすゞ独特の機構で

長い間マイナーチェンジで凌いできた大型トラックが1983年にモデルチェンジされて810型シリーズとなって登場した。新機構を採用して、キャブもエアロダイナミクスを配慮してデザインされている（写真は810スーパー）。

185

あった。

次に1989年8月、平成元年の排気規制に適合して車両として「810スーパーⅡ」が登場、キャブの内外装も手が入れられた。ラジエターグリルのデザインも変更され、内装ではフルトリム化やベッド幅の拡大などである。エンジンは改良によりパワーアップが図られるとともに、電子制御技術の積極的採用で、排気規制をクリアしている。フレームの軽量化も図られてカーゴトラックの搭載性を良くするとともに、トラクターの商品力をアップするためにZF社製16段トランスミッションを搭載している。

次のマイナーチェンジは1992年(平成4年)7月で「810EX」が発売される。6WA1型ターボエンジンを搭載、380/350/315馬力をそれぞれの使用条件に応じて使い分けられ、エンジンの搭載性もよくするなどきめ細かい配慮がなされている。このときに坂道発進補助装置HSAを標準装着して、ドライバーの負担を軽減している。フルオートエアコンもオプション設定され、電動格納ミラーの採用、異本角形ヘッドライトを採用してスタイルも変更された。カーゴトラックの低床化も進んだ。

フルモデルチェンジで「ギガ」シリーズとなるのは1994年(平成6年)11月である。

●中型トラックの展開

いすゞの中型トラックは1966年のTY型が最初で、1970年に2代目からフォワードという名称が付けられ、1975年にモデルチェンジされて3代目となった。このときに大きく進化したこともあって、4代目フォワードは10年振りとなる1985年(昭和60年)6月に誕生した。3代目フォワードが成功作となり、1970年代の終わりには先行していた日野や三菱に販売台数で追いついていた。

それを維持するために1980年代になってからも170馬力の6BF1エンジン(80年)や180馬力の6BD1型(81年)、175/155馬力の6BG1型(84年)などの投入による性能向上、低床車(80年)やワイドキャブ車(81年)などの追加車種、サイドドア下部のガラスによる視認性の向上(81年)、ディスクブレーキの装着・エアサスペンションの採用・速度感応型パワーステアリングの採用・チルトテレスコピックステアリングの採用(84年)などで機能や操作性や快適性の向上が図られた。

これらは、次のモデルチェンジに向けて

1989年にマイナーチェンジされて810スーパーⅡとなった。キャブの一部が新しくなるとともに、排気規制に合わせてエンジンも新しくなっているが、フレームの軽量化も図られた。さらに、駆動系などを含めて大幅な軽量化が図られたU-CXM71型カーゴトラックは、長距離高速走行専用車として新しく設定されている。

第5章 空力・電子制御・経済性の追求（1980～90年代初頭）

1981年に登場したワイドキャブのフォワードFX型。

の技術導入の準備でもあった。

他の3メーカーに比較すると、モデルチェンジが後になって、空力キャブの投入はフォワードが最後になった。「力と燃費の高次元での両立」が開発の狙いで、他のメーカー同様に200馬力を超すエンジンを開発して投入、最新鋭の電子制御技術の6BG1-TCと6SA1型エンジンとなった。

これに組合わせる変速機も7段オーバードライブ付きを採用するなど燃費性能と信頼性の確保に重点が置かれた。

乗用車で空気抗力係数であるCd値が関心を集めるようになり、Cd値0.52と、この時点でトラックのなかではもっとも良い数値になっていた。単にキャブ形状だけでなく、フロントピラーやフェンダーの形状、エアダムについても風洞でテストをくり返して、空気抵抗を減少させる努力が払われた。

また、ドアのサイドガラスの大幅な面積拡大を剛性に配慮しながら達成したのも特徴である。

シャシー関係ではサスペンションスプリングを樹脂製にすることで軽量化を図り、電装系ではハロゲンライトの採用やバッテリーのメンテナンスフリー化などが図られている。

1987年（昭和62年）1月に最初のマイナーチェンジが施されるが、これは市場に投入してから寄せられたユーザーの要望に応えたもので、シフトパターンの改良、内装の

1988年型フォワードの室内。このときにマイナーチェンジを受けて内装も豪華になっている。

上は1985年にモデルチェンジが図られたときに登場したフォワードFX型。大きく変貌したキャブになった。右は1990年にマイナーチェンジされてキャブのスタイルが変更されたフォワードジャストン。大型バンパーの採用、サイドウインドウのガラス面積の拡大などによりイメージアップが図られている。

フルトリム化、シートやベッドの改良などである。

1990年(平成2年)4月のマイナーチェンジでは、6BG1-TCエンジンを230馬力にアップさせるとともに195馬力の新開発6HE1型エンジンを搭載、平成元年の排気規制をクリアしている。同様に要求の大きかった操縦安定性や走行安定性の向上が図られた。主としてサスペンションの改良であり、同時にキャブは液体封入マウントされて、コイルスプリングを使用したキャブサスペンションより軽量化を果たしている。

次の1992年(平成4年)2月のマイナーチェンジは、運転のしやすさを重視した改良で、中型トラックに女性ドライバーが増えてきていることに対応したものである。ABSやASRの採用をはじめとして走行面での安全性の向上が図られ、同時に小型軽量化された永久磁石式リターダーを部品メーカーと共同開発して実用化した。また、電子制御5速AT車も追加設定された。

ベッドレス中型車としては、1980年に設定されたフォワードSというセミキャブオーバー車があったが、これはエルフワイド車をベースにしたもので、4トン車としての耐久性や操作性では見劣りのするものであったことから、1986年(昭和61年)9月にフォワードベースの「ジャストン」を登場させた。

前年に発表した新しいフォワードのよいところを踏襲したもので、ベッドレスキャブ車としては後発でありながら好評だった。

1992年にマイナーチェンジされたフォワード。

ジャストンは5ヵ月遅れるものの、フォワードシリーズは1994年にモデルチェンジされて一新される。

●いすゞのエンジン開発

1980年代のいすゞのエンジン開発は、追いつき追い越すことが目標であった。中型は直列6気筒エンジンでターボとノンターボとあるが、大型用はターボの直列6気筒とターボとノンターボのV型の8〜12気筒シリーズがある。

〈大型用直列6気筒エンジン〉

1981年(昭和56年)に投入されたのが6RA1/6PB1型である。パワーと燃費を意識した開発が実施された。6RA1型はボア・ストローク135×160mmの13741ccのノンターボ、275馬力/2200回転、99キロ/1300回転、6PB1型は同じボアサイズでストロークが140mmの12023ccのターボエンジンで、285馬力/2300回転、106キロ/1300回転である。ボアが同じなので共通部品を多くしており、燃焼室形状もいすゞ独特の四角型となっている。排ガ

1986年に登場したベッドレス中型トラックのフォワードジャストン。フォワードSのモデルチェンジといえるもの。

第5章 空力・電子制御・経済性の追求(1980〜90年代初頭)

ス対策とともに騒音の低減のためにギアケースを二重にしたり、ファン音を低めるなどの対策が採られている。

1983年(昭和58年)に登場した810型シリーズには、この進化型エンジンが搭載された。パワーアップが図られた6RA1型には電子制御されたインタークーラー付きターボが装着されて300馬力/2200回転、124キロ/1200回転となり、大排気量ターボとしてのパワーと燃費節減を図っている。電子ガバナーの採用で大型トラックでオートクルーズを実現したのもこれが最初である。

6RA1型は6RB1型になったが、出力性能は変わらないものの、燃焼改善などにより燃費が向上している。

このほかにボア・ストローク125×150mmの11044cc220馬力の6QA1型エンジンが1981年に投入され、10トン車や8トン車用に使用されている。

1986年(昭和61年)のマイナーチェンジの際に搭載された6SD1型エンジンは、コンパクトなエンジンでありながらパワーと低燃費の両立を図ろうとした新世代エンジンである。10トン級トラックにフィットするように大幅に軽量化されている。ボア・ストローク120×145mm、9839cc、280馬力と300馬力を2200回転で発生する。

バルブ機構もそれまでのOHV型からOHC型になり、シリンダーブロックの剛性が高められた。さらに、コンピューターを使用した構造解析が生かされて、軽量化や低騒音化が図られるようになった。また、ラダーフレームの採用によりクランクシャフトの軽量化に寄与、OHC型にしたことで吸排気効率の向上が図られ、各部のフリクションロスも小さくすることができた。

直列6気筒の新エンジン6WA1-TC型が搭載されるのは1992年(平成4年)に登場する810EXのときからである。インタークーラーターボにすることを最初の設計から意識して開発されたエンジンである。ますますパワーと燃費、それにエンジンの軽量化が重視されるようになり、環境性能やエンジンの生産コスト削減など総合的にバランスの取れたものが求められるようになった。ボア・ストロークは132.9×145mm、12068cc、315/350/380馬力の3機種用意して、幅広く対応しながらもカーゴトラック専用としての役割を担うものである。

〈大型用V型8/10/12気筒エンジン〉

スムーズにまわり、振動などでも有利な直列6気筒は、ターボ装着でパワーアップが期待できるが、ノンターボで低速からの加速を求めるには多気筒化できるV型が有利である。8気筒から12気筒まで共通部品を使用してつくれるメリットもある。いすゞでも直列6気筒エンジンと並列して使用しており、1980年前半には、PB系エンジンがターボ化さ

1986年に登場した直列6気筒6SD1型エンジン。

1992年に登場する810EXに搭載されたインタークーラーターボの直列6気筒6WA1-TCエンジン。

189

れてパワーアップの要求に応えていた。

1983年(昭和58年)に810型トラックが登場した際は、排気量が7％アップしたPC型となった。

これは、ノンターボの12気筒、10気筒、8気筒があり、これに8気筒ターボ装着エンジンが加わり、全部で4機種となる。最大のV型12気筒の12PC型は排気量18017cc、390馬力/2500回転と350馬力/2300回転、10気筒の10PC型は排気量15014ccで330馬力/2500回転、295馬力/2300回転、ターボの8気筒8PC1-TE型は275馬力/2400回転、ノンターボの8PC1型は260馬力/2500回転となっている。噴射ポンプのガバナーは機械式、ボア・ストロークはもちろん共通で119×135mmとなっている。

このときに従来から使用している四角型燃焼室は棚付き形状に改善されて燃費率と排気性能で向上が見られた。

これらのエンジンは1989年(平成元年)にはストロークアップにより119×150mmとしてPD型になった。8/10/12気筒とあり、それぞれ8PD1が240/275馬力、10PD1型が305/340馬力、12PD1型が365/395/425馬力となっている。

〈中型トラック用直列6気筒エンジン〉

1980年代の初めにはフォワード用エンジンは6494ccノンターボの6BG1型と5785ccのターボ6BD1Tが中心だった。前者は175馬力/3000回転と155馬力/2800回転とあり、後者は185馬力/3000回転という性能だった。

6BG1型は6BF1型のストロークを6mm伸ばして排気量を6％拡大しているが、シリンダーブロックやコンロッド長さなどを変えずに、クランクシャフトなど一部のパーツの変更だけですませている。

1985年(昭和60年)にモデルチェンジされたフォワードには、この6BG1型と6BD1T型のほかに高出力エンジンとしてインタークーラー付きの6BG1-TC型と6SA1エンジンが加わった。6BG1-TC型は電子制御されており、可変吸気システムを採用した200馬力/2800回転で、IHI製ターボのインタークーラーは空冷である。

もう一つの6SA1型はボア・ストローク115×135mmの8413cc、200馬力/2700回転と同じ最高出力のノンターボで、サイズも一回り大きくなっているが、軽量コンパクトを目指し、OHC機構にして、ラダーフレーム構造を採用している。これにより、155馬力から200馬力まで4機種のエンジンでカバーしている。

6BG1-TC型は、その後インタークーラーの効率向上やターボの改良、燃焼改善などで230馬力までアップされた。

6B系エンジンの後継が1990年(平成2年)に登場する6HE1型エンジンである。1992年の4代目となるフォワードのマイナーチェンジで、エンジンはすべて6HE系に統一された。ノンターボが165馬力と195馬力、ターボが220馬力と250馬力である。ボア・ストロークは110×125mmの7127cc、ギア駆動によるOHC型で、クラス最高を狙って開発されたのが6HE1-TCS型である。

このエンジンはいすゞの伝統となっていた四角型燃焼室から脱皮してコンベンショナルなトロイダル形状の燃焼室になっており、可変スワールシステムの採用やターボの改良で低燃費化も図られている。

直列6気筒OHC型で、クラス最高を狙って開発された6HE1-TCS型エンジン。

第5章 空力・電子制御・経済性の追求（1980〜90年代初頭）

日産ディーゼル工業
車種の充実とビッグサムの登場

　1970年代にユニークな2サイクルエンジンからコンベンショナルな4サイクルエンジンの切り替えに成功し、中型トラック部門に参入した日産ディーゼルの1980年代は、その実績を生かして飛躍が期待された。1970年代の終わり近くなって、オイルショックによる不況から脱してトラックの需要もようやく上向きになり、将来の発展に備えて計画を立てた。

　1980年（昭和55年）は、日産ディーゼルにとって大きな節目の年でもあった。この年の12月に民生デイゼル工業として創立30周年の記念式典が行われた。

　トラックメーカーとして発展するには、生産体制の強化が重要であるとして、群馬工場を建設する計画が進められた。1980年3月には中型トラックの組立、同じく中型用エンジンや駆動装置などの機械加工もできる一貫生産ラインが1981年6月に完成、上尾工場における大型と中型の混流ラインから、それぞれに専用の生産ラインとなった。

　また、日産ディーゼルの創業以来の川口工場は、従来から大型及び中型用のプロペラシャフトやトランスミッションなどのユニットを生産していたが、市街地に隣接した土地であることから首都圏整備法の適用地域となり、増設ができない状況となった。生産効率を上げるためにも大型は上尾工場に、中型は群馬工場に集約することにして、川口工場からの移転が実施された。これにより、大型及び小型トラックは上尾、中型は群馬、そして鋳造は鴻巣工場という分業体制がとられた。1986年（昭和61年）12月に工場再編計画を完了、川口工場の跡地は売却された。

　輸出に関しても、1983年（昭和58年）10月に全額出資した日産ディーゼルアメリカ販売をテキサス州アービン市に設立してアメリカ市場で7トントラックの販売を始めた。

　他の3社に比較して、販売台数で差を付けられているのは、かつてのユニークな機構のエンジンを搭載した独自性のせいでもあったが、1970年代にコンベンショナルなエ

1983年登場のオフロード用WD152型ダンプトラック。20トンの大容量を支える頑丈さが売り。

国内最大級である200tンの吊り上げ能力をもつP-KG66W型クレーンキャリア。こうした少量生産のスペシャルな分野のトラックも日産ディーゼルは得意とした。

ンジンとなり生産体制を強化したのにともない、販売体制の強化にも力が入れられた。この後につくられた中期経営計画ではグループ全体の体質強化を図ることがめざされ、サービスを含めた国内販売部門の強化が図られた。

● 大型トラックの展開

1979年に排気規制に合わせて大型トラックのモデルチェンジを敢行して、1980年代の方向を先取りしていた。とくに、このときに採用したドライバーが見えにくい左側ドア下部の透視窓の設置は好評であった。スタイルとしても、これを契機にトラックのイメージが大きく変わってくる。

1980年代前半は、他のメーカーが相次いでモデルチェンジを図るなかで、一足先にスタイルを一新したトラックのイメージを維持するために、機構的な進化を図りながら、相次ぐ規制の強化に対応した。また、需要に応えるために車種の追加などによるシリーズの充実も図られた。

1980年（昭和55年）には後2軸駆動のK-CW型（6×4）や前2軸K-CV型（6×2）に追加車種を発表するとともに、居住性や操作性の向上が図られ、シリーズの充実が図られた。さら

1986年の4軸8×4の11トン積み低床LG型トラック。340馬力のV型8気筒エンジン搭載。

に、1982年には低燃費のための機構の改良などが行われた。トランスミッションのギアの見直しや軽量化などである。

そして、1983年（昭和58年）5月に大型トラック、7月にトラクターのマイナーチェンジを実施した。主として新しい排気規制などに対応する新開発エンジンを搭載したモデルにするためである。

大型トラック用にはレゾナシリーズと名付けられた315馬力のRE8型と290馬力のPE6ターボエンジンを搭載、ターボ化することでエンジン重量を抑えてパワーを確保する。ト

1983年にマイナーチェンジが図られたレゾナターボ搭載のCV型フルトレーラートラック。11トン積みでV8ターボ330馬力エンジンを搭載する。荷台長は8.3mと9.0mの2種類ある。フロントグリルに角形ヘッドライトを埋め込んだスタイルは新鮮だった。下のコクピットは大型トラックと共通で、ステアリングホイールもメーターが見やすいデザインにしている。

192

第5章 空力・電子制御・経済性の追求(1980〜90年代初頭)

ラクター用も同様で370馬力のRE10型、350馬力のRD10型エンジンが加わっている。

このときにトラクターにはキャブサスペンションが採用されて乗り心地を良くし、トラックには電動チルトが採用されて整備性の向上が図られた。また、扁平率80パーセントのタイヤを前輪に装着した低床荷台のK-LW46型が追加されている。

その後も相次いで、まだ搭載していなかった車種へレゾナシリーズエンジンが搭載されていく。1985年(昭和60年)には同じくインタークーラー付きターボPE6TC型が300馬力になってP-CD型及びP-CV型に搭載、RE10型370馬力エンジンをP-CW型に搭載、P-CD型には新しく軽量化したサスペンションの車種を追加した。

日産ディーゼルはインタークーラー付きターボの採用に関しては積極的であったが、同時に1987年には大型トラクター用に高出力ノンターボのエンジンを開発、RF10型420馬力を搭載した車種を追加してシリーズの充実を図っている。

同時にエンジンの性能にマッチしたトランスミッションの設定、速度感応型パワーステアリング、エアオーバーハイドロリックブレーキ、サスペンションの改良などで低燃費の実現、乗り心地や操安性の向上が図られている。

そうしたなかで、11年振りに大型トラックがモデルチェンジされて「ビッグサム」シリーズが1990年(平成2年)1月に登場する。10〜12年がトラックのモデルチェンジの通常のインターバルであるからそれに則ったものであるが、1989年の排気規制に対応したタイミングでの新モデルの投入であった。

このトラックの開発が進められていた1980年代の後半は、円高不況があったものの景気は上向き傾向であり、バブルの絶頂期であった。それだけに、思い切って先進的なスタイルや機構を採用することになり、結果として存在感を示すものになった。

一新されたキャブは徹底したフラッシュサーフェスにすることで空気抵抗を削減、フロントガラスが大きくなったことで、他のメーカーのトラックを古めかしく見せる効果があった。前後に大きくなったサイドガラスもパワーウインドウになり、セーフティウインド付き左側ドアには昇降式ドアガラスを採用した。前絞りを強めたボディサイドや前傾させたルーフ形状は風洞実験をくり返し空力特性の追求と、力強いシャープさを表現しようとするデザインと

1990年に登場した大型トラックのビッグサム。旧モデルとの違いは、前絞りを強めたボディサイドやルーフの前傾などによる空力的なフォルムになっていること。3次曲面のフロントガラスの採用、サイドドアガラスも曲面ガラスを用い、フラッシュサーフェス化が図られている。

193

モデルチェンジされたビッグサムの室内(左)と日常点検のために設けられたフロントリッド。

の融合の結果である。他のメーカーに先駆けたモデルチェンジでありながら、21世紀を見据えたものであることがカタログで謳われていた。

装備品の充実が図られ、安全性や快適性、操作性、整備性なども単なる改良を加えたのと異なり、モデルチェンジでなくてはできないような大幅な改良が実施された。

エンジンは、設計段階から軽量化を徹底させながら出力性能を確保するように、インタークーラー付きターボの直列6気筒NF6TA型が新しく開発されている。低回転と高回転時に最適な過給となるように可変ノズルターボ、送油率を可変にした噴射ポンプの採用など、電子制御技術の進化とと もに、低燃費を他の性能を犠牲にせずに達成する技術が導入されている。もう一つのPE6シリーズエンジンも排気量を大きくすると同時に燃焼を改善することで、省燃費と出力性能の両立が図られた。

続いて1990年(平成2年)3月に大型トラクター「ビッグサム」が同様にモデルチェンジされた。これには、ホイールスピンを防ぐためのアンチ・スリップ・レギュレーション(ASR)がトラクターにオプション設定され、大型トラックにも同時に採用された。ABSと併用されており、安全性を高めるシステムが採用されるようになるのもこのころからである。

1992年(平成4年)12月には「ビッグサム」のマイナーチェンジが図られた。トラクターには480馬力のRF8TA型エンジンが、トラックのほうには370馬力のRG8型エンジンが新開発されて搭載された。キャブの内外装も充実が図られ、ABSやASR、大容量型リター

トラックに続いてトラクターのモデルチェンジが実施され共通のキャブスタイルとなった。写真は高速用CK型セミトラクターで、420馬力エンジンを搭載。

第5章 空力・電子制御・経済性の追求(1980～90年代初頭)

1992年にマイナーチェンジが図られて登場したビッグサムU-CD530VN型トラック。これは空気抵抗を減らすためにフロア下面の空気の流れが乱れないような形状になっている特別仕様である。

ダーなどが全車にオプション設定された。このころになると、搭載するエンジンの種類も増えて車種も充実が図られてきているので、目立った新しい追加車種はなくなっている。

● 中型トラックの展開

1979年(昭和54年)に排気規制の実施に伴うマイナーチェンジを受けた中型トラックのコンドルは、前述したように上尾工場から群馬工場に生産拠点を移して一貫生産されるようになった。1981年6月にマイナーチェンジされてキャブなどのスタイルに変更が見られ、このときに低床荷台車が追加された。

1983年(昭和58年)5月に、コンドルはモデルチェンジされて2代目となる。8年振りのことで、「さわやかコンドル」として空力特性など、時代の要求する要素を織り込んで誕生した。日野のファイターが1980年に一足早くモデルチェンジされているが、3年後になった分、空力的な処理やデザインなどで新しさを感じさせるものになっている。

フロントスクリーンをはじめとするガラス面積の拡大とキャビンの前傾姿勢などにそれが現れている。大型コンビランプ、角形4灯のヘッドライトの採用で斬新さをアピール、エンジンオイルや冷却水の点検・

2代目コンドルは1983年に登場、このころから本格的なエアロダイナミクスが意識されるようになり、キャブ形状がデザインされた。室内もラグジュアリーなムードにして、広さや静粛性が追求されている。

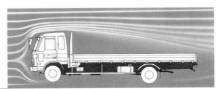

195

補給ではキャブをチルトせずに可能にしている。エンジンは既存のものを吸排気の改善や変速ギアの見直しなどで低燃費化を図っている。

コンドルに新型エンジンが搭載されるのは翌1984年12月で、このときに中型クラスとしては初めて200馬力に達するエンジンが搭載された。FD6型エンジンは排気量がアップされFE6型となり、オーバードライブ付きの6段ミッションが組み合わされ、パワーアップと低燃費の両立が図られている。160/180馬力のFE6型エンジンも低速トルクを向上させ、副変速機が組み合わされている。

このときに、フローティング式キャブ・サスペンション、電動チルト方式、電子タイマー油圧複合ブレーキシステムなどの新機構が採用された。

1985年(昭和60年)5月には5トン積みのコンドル5が追加され、同年7月には7トン積みのコンドル7が追加された。このときは200馬力エンジンだったが、1988年にはインタークー

ベッドレスキャブにして荷台を300mm延長させたコンドルSは1987年に登場、標準床と低床・超低床とある。

ラーターボ付き230馬力エンジンを搭載している。

また、1987年(昭和62年)1月には輸送スペースを優先させたベッドレスキャブの4～4.75トン積みコンドルSが登場した。

その後、コンドルシリーズは次のフルモデルチェンジが実施される1993年までに2度にわたるマイナーチェンジを受けている。

1988年(昭和63年)7月にはスタイルなどが化粧直しされた。同時にコンドル7に搭載されていた230馬力FE6TA型エンジンに電子制御可変ノズルターボを採用、電子ガバナー、

コンドルシリーズに加わった4トン積み低床専用トラック。特徴はホイールベース間のフレームを落とし込んでドロップフレーム形状にしてホイールハウス部以外をフラットな低床にしていること。清涼飲料運搬、商品展示、植木運搬、家具運搬用などを目的に開発された。

1985年に、コンドルシリーズの充実が図られた。左からCP型コンドル7、CL型コンドル5、コンドル標準車CM型である。

196

第5章 空力・電子制御・経済性の追求(1980〜90年代初頭)

コンテナや車両運搬トレーナーを牽引するなど広範な用途に使用されるコンドルP-CL80型トラクタートラック。さまざまな積載条件に対応するためにサスペンションも強化されている。

電子タイマーが採用され、エンジンの洗練度を高めて搭載されている。

コーナリングランプやヘッドライトのハロゲン仕様の採用などのほか、室内のフルトリム化、並行リフター付きシートなど快適性の向上も図られた。また、超ロング車や幅広車のさらなるワイド化など、バリエーションを増やし、基本性能の向上が図られた。

1990年(平成2年)4月のマイナーチェンジの際に「ハイパーコンドル」というネーミングが使用された。主として平成元年の排気規制への適合を図った開発で、エンジン出力の

向上、キャブ内外装の改良、車種バリエーションの充実がなされている。搭載エンジンは排気規制への対応で燃焼などの改良が施されている。

コンドルがモデルチェンジされ3代目が登場するのは1993年(平成5年)1月、10年振りのことになる。

●エンジンの開発

排気規制やモデルチェンジにあわせて新型エンジンを登場させている。高性能にするだけでなく、使いやすさや使い方にあわせたエンジンにしようとすると、種類を増やさざるを得ない。そうした要求と、生産性を考慮したコストとの関係で開発の苦労のあとが見られる。

〈大型用直列6気筒エンジン〉

1983年に昭和58年規制に対応して開発された直列6気筒PE6ターボは、空冷インタークーラーを装着している。長距離トラック用の低燃費志向型のエンジンで、133×140mm、11670cc、290馬力である。1985年にはエンジン回転を2000から2200回転に上げて330馬力に向上させている。

1989年(平成元年)の排気規制にあわせてPE型はストロークを150mmに延ばしてPF型シリーズに移行した。ノンターボは290馬力、ターボ仕様は320、350馬力とある。

このときにもうひとつの直列6気筒NF6TA型が登場した。12503ccのPF型に対して120×135mm、9160ccとコンパクトであるが320馬

1988年にマイナーチェンジされたコンドル3.5トン車。

1990年にマイナーチェンジされてハイパーコンドルという名称になった。このころになるとエンジン出力も大幅にアップされてきている。

197

力のターボエンジンである。クーリングチャンネルを設けたピストンや可変ノズルターボを採用、エンジン回転も2500回転とPF型より高くなっている。

〈大型用V型8/10気筒エンジン〉

1983年(昭和58年)に登場したRE8/10型はRD型のストロークを7mm延ばして135×132mmにして出力の増大を図るとともにエンジン回転を下げて燃費の向上を図っている。8気筒のRE8型は15115ccで315馬力、10気筒のRE10型は18894ccで370馬力である。

このREシリーズは、レスポンスなどの向上を図って138×142mmに排気量を大きくしたRF型に進化する。8気筒のRF8型は1986年に、10気筒のRF10型は1987年に姿を見せる。前者は340馬力、後者は420馬力となっている。

1992年(平成4年)にはRE8型をベースにして142×142mmのスクウェアにした17990ccのRG8型ノンターボエンジンが登場した。シリンダーブロックの左右オフセット変更やクランクシャフトのベアリング径などが変更されている。

注目されるのは主流になっているトロイダル型燃焼室ではなく、5角形のリエントラント型を採用していること。考え方としては、いすゞの四角型と同様のようで、性能は370馬力、ノンターボ仕様である。

このときにRF8型にターボを装着したエンジンが加わってRF8TA型となり、480馬力という高性能エンジンが登場した。

〈中型コンドル用エンジン〉

1984年(昭和59年)にFD6型の排気量を大きくしたFE6型シリーズが登場する。それまで100×120mmだったボア・ストロークが108×126mmとなり、6925ccになった。ノンターボFE6B型は180馬力、ターボ仕様FE6C型は200馬力である。FD6A型160馬力を含め、コンドル用には3種類のエンジンが搭載される。

中型トラックの高出力化が進むようになり、1988年(昭和63年)にFE6C型をベースにして230馬力に性能を上げたFE6TA型が加わった。無段階の可変ノズルターボにして、高性能を確保しながら低速域を犠牲にしないようにしている。

1990年(平成2年)には、排気規制とマイナーチェンジに合わせてFE6型シリーズに改良が加えられた。燃焼や吸排気系の改良などで排気規制をクリアするとともに、5馬力のアップが図られた。エンジンはノンターボの165馬力のFE6A型、同じく185馬力のFE6B型、ターボ仕様205馬力のFE6C型、そしてインタークーラーターボ235馬力のFE6T型がコンドル用に揃えられた。

レゾナシリーズとして登場、インタークーラーターボとなった直列6気筒PE6TC型エンジン。

トラクター用として開発された370馬力のV型10気筒RE10型エンジン。

5角形燃焼室をもつRG8型エンジンのピストン。

第6章
構造不況といわれるなかでの技術革新

（1990年代〜2000年代初頭）

曲がりなりにも戦後は比較的波乱が少なく成長してきたトラックの生産は、1990年代に入って予想だにしなかった不況に見舞われる。どのメーカーも大幅に生産台数を減少させ、リストラなど再建に追われることになる。そんななかにあっても、厳しい排気規制やさまざまな技術的な課題を突きつけられて、その解決を図らなくてはならなかった。同時に、ユーザーが求める低燃費と高出力の両立も、これまで以上の高いハードルを越えることが求められた。そのために、進化してきた電子制御技術をさらに細かく精密にすることで、エンジンの燃焼をはじめとして最適な制御にすることが技術開発で重要になった。4大メーカーの競争により、その歩みは停滞することがなかったと言っていい。さらに環境問題をはじめとして、休むことなく技術的なブレークスルーが求められている。ここでは、1993年に登場した車両についても一部触れているが、主として規制緩和による新規格のトラックの登場からその後にいたる経過を見ていくことにする。

21世紀をはさむ逆境のなかの新しい展開

● バブルの崩壊による需要の落ち込み

　1980年代の普通車以上のトラックの年間登録台数は10万台を超え、1990年が近づくにつれて増えてきて、1990年(平成2年)には20万台に迫るところまでいった。昭和から平成に変わる頃は、世の中の景気が過熱気味となり、トラック業界でもドライバー不足が深刻になっていた。それにつれて女性ドライバーが増加してきて、操作性の良いトラックにすることが今まで以上に重要になってきた。

　日本の社会も、それまでの重厚長大といわれた時代から軽薄短小の時代に入ったといわれるようになった。サービス業のウエイトが大きくなり、大きくて重い工業製品からITに代表される小型で精密な製品が主役になるなど産業構造の変化がみられた。

　1980年代の終わり頃には、交通渋滞による輸送効率の低下、交通事故や排ガスによる環境へのマイナス影響などにより、当時の運輸省はモーダルシフト政策を打ち出した。長中距離輸送や幹線輸送はできるだけ鉄道や海上輸送など効率の良いものへの切り替え促進を図るように指導するものであった。しかし、1991年(平成3年)になると経済成長は鈍化し、個人消費や民間の設備投資が落ち込むようになり、いわゆるバブルの崩壊現象が見られて、日本の経済は長いトンネルの中に入って、なかなか抜け出せないことになる。そのため、輸送力は逼迫することがなくなり、輸送量の減少により労働力不足も解消したこともあって、JR貨物や海上輸送にシフトしたものも再びトラック輸送に戻って、モーダルシフトは元の木阿弥になった。

　バブルの崩壊までは、トラックの開発に関しても、ドライバーなどの労働力不足を解

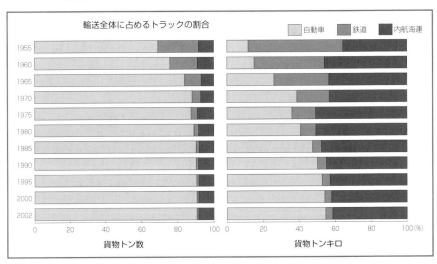

第6章 構造不況といわれるなかでの技術革新（1990年代〜2000年代初頭）

消するためにドライバーに優しくすることが重要視されたが、その後の総需要の落ち込みによる輸送量の減少によって、トラックに対する要求は効率重視の方向にシフトした。メンテナンスに費用がかからず燃費が良く、耐久性に優れたものにすることが求められた。そうはいっても、いったん良くした居住性や操作性の向上の傾向を止めることはできないものである。

空力的に良くすることは燃費性能に効いてくるのでますます重要になった。写真は日野スーパードルフィン・プロフィアKC-FR型特別仕様車。

●規制緩和による積載量12トン超トラックの登場

1994年（平成6年）から実施された規制緩和にともなう車両総重量の制限の緩和は、大型トラックの市場に変化をもたらした。1993年11月に車両制限令や道路運送法の保安基準が改正されて、大型トラックの最大総重量がそれまでの20トンから25トンに、またセミトレーラーは同じく28トンに引き上げられた。これにより、1994年の終わり頃から積載量が12トンを超える25トン車や22トン車が市場に出回るようになった。

過積載が日常化していることが問題にされていたが、このときには従来以上に取締を強化することになった。見方を変えれば、規制緩和することによって積載量の上限を引き上げることで、恒常化していた過積載をなくそうとするものであった。

こうした状況は、トラックの市場に、一時的に活況をもたらす事態となり、1995年（平成7年）のトラックの国内登録台数は前年を上まわるようになった。

続く1996、97年も円安による輸出の好調などにより国内登録台数はそれほど落ち込まなかったものの、1998年になると消費税の引き上げや経済の先行きに対する不安の増大により、市場は急速に落ち込んだ。その傾向はとまらずに、トラックの登録台数は最盛期の半分になるという深刻な事態になった。その後は、各種の規制などの影響で一進一退があったものの、依然として低迷を続けてることになる。

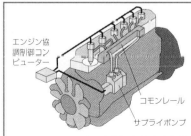
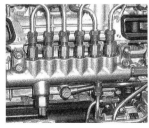

低速域から高速域まできめ細かく高圧で噴射することで燃焼効率を上げることができるシステムとして、コモンレール式が多くのエンジンに採用されるようになった。

コモンレール式は、あらかじめ高圧にした燃料をコモンレール部に溜めておき、適切なタイミングで噴射するなど、それぞれの負荷に応じて最適な制御を可能にする。

メーカー別普通トラック登録台数（1984～1991年）

（単位：台）

年	日野 合計	10トン以上	7・8トン	5・6トン	3・4トン	その他	いすゞ 合計	10トン以上	7・8トン	5・6トン	3・4トン	その他
1984	34,918	12,738	1,421	497	18,700	1562	29,437	9,486	592	1,173	17,204	982
1985	32,928	11,856	1,225	449	17,861	1,537	28,771	8,530	528	1,198	17,614	901
1986	32,466	11,849	1,118	459	17,798	1,242	28,228	8,775	505	1,427	16,721	800
1987	38,984	14,481	1,260	564	21,095	1,584	34,313	11,013	489	1,425	20,515	871
1988	49,305	18,974	1,392	658	25,859	2,422	42,735	13,701	546	1,799	25,497	1,192
1989	54,217	19,612	1,307	779	29,833	2,686	45,760	14,974	530	1,607	27,452	1,197
1990	57,106	20,076	1,495	844	32,195	2,496	45,726	14,513	566	1,636	27,778	1,233
1991	54,761	19,076	1,460	922	30,636	2,667	45,202	13,930	464	1,652	27,878	1,278

年	三菱 合計	10トン以上	7・8トン	5・6トン	3・4トン	その他	日産ディーゼル 合計	10トン以上	7・8トン	5・6トン	3・4トン	その他
1984	31,945	9,219	614	538	18,244	1,825	20,351	8,207	590	68	9,400	2,086
1985	28,872	9,013	534	491	17,136	1,698	19,575	7,481	539	100	9,448	2,007
1986	28,867	9,246	519	447	17,124	1,531	20,115	8,066	606	171	9,664	1,608
1987	34,185	11,371	497	484	19,962	1,871	24,633	9,836	573	190	11,993	2,041
1988	44,662	14,665	530	599	26,453	2,415	31,863	12,369	593	251	15,815	2,835
1989	49,229	15,813	583	655	29,189	2,989	36,731	13,972	769	324	18,423	3,243
1990	51,459	16,062	598	628	30,971	3,200	38,331	13,979	696	363	19,755	3,538
1991	48,937	15,447	494	583	29,028	3,385	37,037	13,894	704	390	18,341	3,708

註：「その他」の数字はトラクター、クレーンの合計台数。

メーカー別普通トラック登録台数（1992～2004年）

（単位：台）

年	日野 合計	12トン超	9~12トン	7~8トン	5~6トン	3~4トン	その他	いすゞ 合計	12トン超	9~12トン	7~8トン	5~6トン	3~4トン	その他
1992	42,339	–	15,197	1,298	774	23,153	1,917	35,711	–	10,594	378	1,415	22,391	933
1993	34,313	–	11,468	1,002	786	19,498	1,559	28,762	–	8,517	323	1,305	17,878	739
1994	39,576	–	13,702	3,673	1,956	17,268	2,977	33,961	–	9,953	386	4,028	18,141	1,453
1995	44,294	5,206	12,257	2,020	1,584	19,863	3,364	39,591	5,605	8,271	315	3,638	19,760	2,002
1996	41,296	6,313	7,244	2,195	1,221	22,280	2,043	35,802	5,427	6,813	232	2,869	19,178	1,283
1997	37,853	7,146	5,146	3,934	675	19,200	1,752	33,899	5,808	5,041	189	3,623	18,023	1,215
1998	23,692	4,757	3,055	2,060	489	12,360	971	22,535	4,188	2,650	128	1,890	12,888	791
1999	22,788	4,777	2,728	1,755	497	11,930	1,101	20,360	3,656	2,321	129	1,660	11,943	651
2000	22,231	6,586	1,517	1,851	440	10,567	1,270	18,968	4,136	2,122	219	1,417	10,373	701
2001	22,259	7,187	6	1,816	381	11,602	1,267	18,274	4,039	1,570	272	1,284	10,362	747
2002	21,099	6,559	–	1,789	325	11,317	1,109	17,187	3,551	1,382	239	1,051	10,260	704
2003	31,683	9,686	66	2,340	418	17,220	1,953	26,970	5,771	2,417	338	1,691	15,712	1,041
2004	32,746	8,087	2,706	2,231	495	16,720	2,507	27,393	5,820	2,024	1,071	896	16,308	1,274

年	三菱 合計	12トン超	9~12トン	7~8トン	5~6トン	3~4トン	その他	日産ディーゼル 合計	12トン超	9~12トン	7~8トン	5~6トン	3~4トン	その他
1992	39,921	–	12,264	355	559	24,405	2,338	27,348	–	10,005	544	295	14,207	2,297
1993	31,925	–	10,057	306	555	19,473	1,534	21,739	–	8,207	488	392	11,088	1,564
1994	37,853	–	11,437	321	2,548	20,341	3,206	25,010	–	9,528	1,630	1,075	9,921	2,856
1995	42,900	4,253	11,867	306	1,279	21,159	4,037	30,480	2,600	10,004	1,131	1,259	12,172	3,778
1996	39,865	5,497	8,272	205	910	22,212	2,769	26,569	4,293	5,027	1,059	769	13,010	2,411
1997	34,770	5,454	7,567	162	478	18,798	2,311	25,516	5,159	3,791	1,502	679	12,096	2,289
1998	22,418	3,488	4,352	194	298	12,824	1,262	15,869	3,188	2,105	994	368	7,962	1,252
1999	21,620	3,592	3,999	199	209	12,436	1,185	13,943	3,180	1,966	942	312	6,444	1,099
2000	21,528	5,083	3,096	130	164	11,623	1,435	14,516	4,307	2,026	812	229	5,705	1,437
2001	21,824	6,048	1,806	130	188	12,172	1,480	14,448	4,254	1,765	702	235	5,893	1,599
2002	20,706	5,579	1,579	132	167	11,762	1,487	14,106	4,208	1,470	741	162	6,044	1,481
2003	31,287	8,495	2,535	177	224	17,600	2,256	21,164	6,932	888	969	223	8,898	2,254
2004	25,449	7,124	1,679	459	100	13,859	2,228	18,284	6,157	239	976	188	8,330	2,394

註：「その他」の数字はトラクター、クレーンの合計台数。

そうした厳しい状況のなかでも、トラックによる交通事故などによる安全性、煤などの排気ガスによる汚染に対する批判などがあり、燃費の改善とともにメーカーが取り組まなくてはならない課題が多くなっているのが状況であると言える。

安全基準も厳しくなり、衝撃を吸収することのできる高剛性キャブの開発をしなくてはならなくなった。同様に、省資源の立場からリサイクルに対する配慮が求められ、ノンアスベスト化の推進、オゾン層を破壊するフロンに代わるガスの利用など、さまざまな配慮をする必要に迫られた。

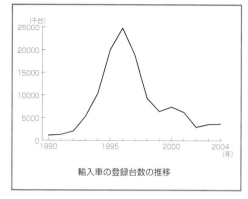

輸入車の登録台数の推移

排気規制をクリアするとともに、低燃費への要求はさらに強まり、エンジンの軽量コンパクト化と性能向上を両立させるために、新しい技術進化が求められた。エンジン本体では、低速から高速域までのきめ細かい最適化が図られるようになり、4バルブ化、ターボの改良、コモンレール式燃料噴射装置の採用や燃料噴射ポンプの高圧化などが進み、ますます厳しくなる排気規制に対しては触媒などの後処理、窒素酸化物の削減のための排気再循環システムEGRの採用などと組み合わされている。電子制御技術が進化したことで、いちだんと技術進化が促されたのである。

● 激化する競争とグローバル化

1990年代になって、輸入されるトラックが増えていった。海外のメーカーも日本市場に積極的に参入してきた。ヨーロッパメーカーのトラックはスタイルでも一日の長があり、次第に輸入される台数は増えていった。しかし、日本での総需要が落ち込んで1990年代後半からは、輸入台数は下降線をたどってきている。

日本車が独占的に市場を獲得していた東南アジアにも、ヨーロッパのトラックが進出してきた。また、経済的に発展するにつれて、これらの市場でもカーゴトラックを主としたものからトラクターによるコンテナ輸送が本格化した。ひたすら丈夫で長持ちすることが輸出トラックの条件だった時代から様変わりしてきたのである。海上コンテナの流れも、横浜や大阪など日本の港を経由していたものが、香港や高雄などが基地としてクローズアップされるようになった。1980年代の後半からの円高の進行により価格的に日本が不利になってきていた。ヨーロッパメーカーの進出は、これまでの国内メーカー同士の競争からグローバルなメーカー間の競争になった。

そうしたなかで、1990年代後半の構造不況が自動車メーカーを直撃した。このため、日産はルノーと、三菱はダイムラー・クライスラーと提携することになり、メーカー間の地図は大きく変化し、トラックメーカーにもこの影響が大きく影を落とした。

日野自動車工業、日野自動車
トヨタとの連携を強め活路を求めての活動

●経営トップがトヨタから派遣される

　1990年代の後半は、どのメーカーも販売台数の減少に悩まされた。そのために、コストの削減を図るとともに人員の削減などのリストラが行われた。

　以前から、トヨタの生産方式として知られるカンバン方式が日野の工場でも採用されていた。主としてトヨタから生産委託を受けている小型車の工場ではその採用が進んでいたが、少量多種生産の大型や中型のトラック部門では、必ずしもうまく機能しているとはいえなかった。

　システムをそのまま採り入れるのではなく、生産台数やその工程に合わせた合理的で効率の良いシステムを見つけだして、それを日々進化させていかなくてはならないものである。

　生産台数が落ち込んで、経営が苦しくなってくるにつれて、この問題に真剣に取り組むことが重要になった。

　21世紀を迎えるに当たって、新しいグローバル戦略を打ち出したトヨタは、トヨタグループの結束をこれまで以上に強める方針を立てた。それにより、資本参加して提携していた日野とダイハツで、出資比率を増やして完全な子会社にした。かなり前からダイハツには経営トップをトヨタから派遣していたが、2001年（平成13年）になって日野にも新しい社長がトヨタから送り込まれた。トヨタが得意とする生産技術出身の蛇川忠暉が、日野の生産方式を根本から見直して経営を再建軌道に乗せることになった。

　従来からの直線的な移動方式をとる組立ラインを、円形にして中心にあるトラックに作業員が円周上にとりついて組み立てる方式など、新しい試みが実施されている。

　1980年代のピーク時に比較すると半分程度に落ち込んだトラックの生産を回復するのはむずかしい状況のなかで、日本にはトラック・バスのメーカーが4つもあるのは多すぎるということで、トヨタからやってきた首脳陣を中心に、日野は積極的に他の

1994年に規制緩和に対応して登場したスーパードルフィン・プロフィアFR型L25ハイルーフ。車両総重量24600kg、最大積載量15.75トン、エンジンはV型8気筒420馬力を搭載する。全長は11990mm、ホイールベースは7040mmとなっている。

1998年にマイナーチェンジを受けてフロントグリルなど一部デザインが変更されたスーパードルフィン・プロフィア。これはエアサスペンション仕様となっている。

第6章 構造不況といわれるなかでの技術革新（1990年代〜2000年代初頭）

1995年仕様スーパードルフィン・プロフィアSSセミトラクター。520馬力エンジンで20トンの第5輪荷重を可能にしている。

メーカーとの提携を模索する姿勢を見せている。

●大型トラックの展開

1992年に新モデルのスーパードルフィン・プロフィアが登場しているので、1994年の規制緩和による新モデルは、追加車種として、車両総重量22トン車L22型、同じく25トン車L25型が設定された。

プロフィアL25シリーズは6×4のFS型、6×2のFR型などがあるが、FR型では発進加速など、より大きな駆動力を必要としている場合に非駆動輪を持ち上げて駆動力を無駄なく駆動輪にかけられる駆動力補助装置「ファイングリップ」を実用化している。FR型L25は総車両重量24600kg、最大積載量15750kgとなっており、標準タイプのほかにハイルーフカーゴも設定されている。

エンジンはノンターボV型8気筒F21C・F20C・F17Dで320〜430馬力、ターボ仕様として直列6気筒P11C・K13Cがあり、300〜395馬力で5機種、馬力では8機種となっている。

規制緩和による積載量を増やした大型トラクターは、翌1995年に登場、荷重が増えるのにともなって強化型エンジンリターダーを装着するなどの対応をしている。エンジ

1998年にマイナーチェンジを受けたドルフィン・プロフィアはマルチ・インフォメーションシステムのメーターパネルとしており、瞬間燃費も表示する。4点支持のエアフローティングキャブとして、レベリングバルブの使用により乗車人数が変わってもキャブ高さを一定に保つ。シャシー関係ではトラニオンサスペンションの採用や高荷重タイヤを採用するなど強化されている。

205

ンも高出力インタークーラーターボの520馬力V26C型エンジンをはじめ、ノンターボエンジンも含めて6機種の新エンジンを搭載している。これらのトラクターはロングホイールベースになっている。

その後も、1996年(平成8年)にはL22型に3軸6×4車の低床車を設定(軽量直列6気筒エンジン・新規格タイヤの採用)ノンターボエンジン搭載のダンプ及びミキサー車、1997年にはL22型及びL25型に4軸低床車(総輪同径タイヤ)などの追加車種を設定している。

1998年(平成10年)にはスーパードルフィン・プロフィアシリーズトラックがマイナーチェンジされるが、このときに直列6気筒K13C型エンジンにコモンレール式燃料噴射システムが採用された。

疲労低減と安全性向上のためのクルーズコントロールの採用と、補助ブレーキを組み合わせて設定速度の範囲内であらかじめ設定した車間距離を保つように自動制御による加減速をするスキャニングクルーズシステムが導入された。トラックにも車両の知能化が及んできたのである。また、運転や作業、管理などに必要な情報を表示するマルチ・インフォメーションシステムも導入された。

1999年(平成11年)には、シリーズに新しく超軽量ウイングボディ車が加わった。これは、最適設計により軽量化されたフレーム、軽量サスペンション、アルミバンパーなどの採用で軽量なシャシーにするとともに、各部にアルミやFRPを多用して、徹底した軽量化を図って、最大積載量を15トンにしたトラックである。

同時にタンクローリー車でも、ローキャンバースプリングを採用することで荷台高をさらに抑えてタンクの断面積拡大による容量の増大が図られた低床タイプ車が登場した。

2000年(平成12年)には、四つのエアスプリングでリアアクスルを支持するダブルトレーリングサスペンションを新開発して大

ショートキャブにして荷台長を10mにしたウイングボディのスーパードルフィン・プロフィアカーゴ。荷室66m³の大容量を誇る。

下左は標準装備となったハイルーフのスーパードルフィン・プロフィア・セミトラクター。
下右は2000年のマイナーチェンジにより採用されたダブルトレーリング・エアサスペンション。コーナーでの安定走行が確保された。

第6章 構造不況といわれるなかでの技術革新(1990年代～2000年代初頭)

1993年に登場した「クルージングレンジャー」の
4WD車FX型はフルタイム4WDとなっていた。

型トラクター及びトラックに採用した。これにスタビライザーを装着することで、車両の振動を抑えて安定した走行状態を確保する狙いである。さらに、電子制御によるブレーキシステムEBSも採用された。

こうした革新は、その後も加速する勢いで、エンジンに関しては排気規制への対応による新技術の開発、さらには排気性能と燃費性能の向上を両立させるための革新技術であるハイブリッドシステムの実用化などに進んでいくことになる。

2003年11月には12年振りにフルモデルチェンジされ「日野プロフィア」シリーズとなり、厳しくなる排気規制を前倒しして適合した。そして、2004年4月にはキャブ寸法を抑えて輸送効率を上げながらドライバーの車

内休息スペースを確保する「ショートキャブ・スーパーハイルーフ車」をシリーズに加えている。

● 中型トラックの開発

1989年(平成元年)に「クルージングレンジャー」となった日野の中型車は、1994年にマイナーチェンジで「ライジングレンジャー」になり、平成6年の排気ガス規制に適応した車両になっている。エンジンは新開発のJ08C型が登場、200/215/230/260馬力である。

また、1980年代から中型トラックのカテゴリーのひとつとして定着してきたベッドレスキャブの「デーキャブレンジャー」が1995年にモデルチェンジされたが、これも主流であるライジングレンジャーFD型とイメージをともにするキャブへの変更で、名称は「ライジングレンジャーFC型」となった。

経済性を重視したトラックであったが、各社の競争が激しくなってきたことにより、デラックス化された。

このときも室内空間が拡大され、幅の広い荷台の架装が可能になっている。エンジンは直列6気筒J08C型を5気筒化したJ07C型170馬力。このときに、FDトラックの一部にコモンレール式燃料噴射装置のエンジンが搭載された。

1999年(平成11年)には平成10・11年排出ガス規制に適合した車両にする機会にキャブスタイルなどを改良して「スペースレンジャー」シリーズとしてマイナーチェンジを

1995年にライジングレンジャーFC型となったベッドレスタイプのカーゴトラック。室内の写真はワイドキャブ仕様。

207

図った。このときにインタークーラーターボエンジンはコモンレール式燃料噴射装置を採用して260/235馬力となった。ノンターボエンジンも改良されている。

安全性が従来以上に注目されるようになり、高剛性キャブ、ドアインパクトビーム、SRSエアバッグ、プリテンショナー付きシートベルト、衝撃吸収ステアリング、可倒式ステアリングコラムなど安全に関する装備の充実が図られた。

こうした装備は、各メーカーとも相次いで採用するようになるが、日野ではこれらにABSやスキャニングクルーズなども加えて、衝突安全キャブであることを意味する「イージスキャブ」と称してアピールした。

2年後の2001年(平成13年)にフルモデルチェンジされて「レンジャープロ」が登場。これは平成14年の騒音規制をクリアしている。

目に付くのは新しくなったキャブスタイルである。前面を絞り込んだ丸みを帯びたダイナミックなイメージがあり、前傾姿勢ではなくなって背が高くなっているのが特徴である(210頁写真参照)。

室内高は標準ルーフで40mm高くなり、ベッドレスのショートキャブ車のハイルーフ仕様ではルーフ外板をそれより540mm高くして、立ったまま着替えができるように室内高は1860mmとなっている。ハイルーフ部分はバンボディのウインドデフレクターを兼ねており、空力性能と室内サイズの拡大とを果たしている。サスペンションも改良され、エンジンは従来からの直列5気筒ノンターボと直列6気筒のノンターボとターボ仕様などがある。

● エンジンの開発

排気規制が厳しくなることで、その対応に合わせてエンジンの改良が加えられた。日野ではコモンレール式燃料噴射装置の採用など、新技術の実用化に積極的に対処している。

〈大型用直列6気筒エンジン〉

コモンレール式燃料噴射システムが採用された直列6気筒K13C型エンジンは1998年

1999年のマイナーチェンジでスタイルも変更された「スペースレンジャー」。遮光カーテンはオプションで設定され、SRSエアバッグとプリテンショナーシートベルトは標準装備となった。安全性が以前より考慮されるようになり、高剛性キャブが採用されている。

(平成10年)に登場、きめ細かく電子制御して燃焼状態を良くするために開発された新システムの採用はエンジン技術が新しい段階に入ったことを示すものである。

従来からあるK13C型に新しいシステムを組み入れたもので、低速から高速まで高圧で燃料を噴射することで低速トルクが向上している。吸気系の最適化、ターボ系の細部にわたる改良などで燃費と排気性能などの改善が図られている。性能は、360馬力/2000回転と400馬力/2000回転になった。

直列6気筒P11C型に同じくコモンレール式燃料噴射装置が採用されるのは2000年(平成12年)のことで、吸気行程中に他のシリンダーの排気による圧力脈動を利用してシリンダー内の排気をいったん吸気ポートに還流させるパルスEGRシステム(内部EGR)で、従来からのEGRシステムとは異なりシンプルな方式を採用するなどして排気規制をクリアしている。ターボの改良、噴射圧力を強めるなどでパワーアップを図っている。

〈大型用V型8/10気筒エンジン〉

そのほかでは、従来からのエンジンの燃料噴射系や燃焼改善などにより性能向上や排気規制への適合が図られている。

排気量アップによる新エンジンの登場としては、1994年(平成6年)にV型8気筒F20型エンジンをベースにストロークを150mmに伸ばして20781ccにしたF21C型が390/430馬力として戦列に加わった。

翌1995年にはトラクターの新モデル登場に合わせてV25型をベースにした25977ccのV型10気筒V26C型が加わり、450/480馬力のノンターボエンジンが誕生している。

〈中型用エンジン〉

直列6気筒114×130mm7961ccのJ08C型エンジンシリーズは改良されて、1994年に平成6年の排気規制に対応している。高圧噴射ポンプを採用し、吸気系を見直し、それにマッチした燃焼室形状にして燃焼効率を高めている。OHC型4バルブとし、ローラーロッカーアームを採用する。ノンターボは2900回転で200/215馬力、ターボ仕様はインタークーラー付きで、過給圧の違いで235馬力と260馬力とある。ともに2700回転。

この6気筒エンジンを5気筒にしたJ07C型が1995年(平成7年)につくられた。6634ccで170馬力としている。1気筒少なくすることで全長が短くなり、車両への搭載で有利になる。振動が大きくなるのを燃料噴射順序の

コモンレール式燃料噴射システムが採用された直列6気筒K13C型エンジン。

直列6気筒エンジンに採用されたOHC4バルブ。

V型8気筒でエンジン20781ccF21C型は390/430馬力を発生する。

209

変更やパワーシステムの最適設計で低減が図られている。このときに6気筒のJ08C型には電子制御されたコモンレール式燃料噴射装置が採用されている。

さらに、1999年(平成11年)には平成10年の排気規制にともなって、このシリーズエンジンに改良が加えられ、5気筒J07C型もコモンレール燃料噴射式になった。6気筒ノンターボエンジンは205/220馬力になり、235馬力だったターボ仕様も240馬力になった。

5気筒J07Cと6気筒J08C型高過給ターボエンジンの最高出力は据え置かれているが、低速域のトルクが大きくなり使いやすいエンジンになっている。問題となっているPMの排出もPMトラップを設定して抑えられている。

さらに、コンパクトな直列4気筒としてターボを装着したJ05Dエンジンもレンジャーに搭載された。

中型トラックのレンジャーシリーズに搭載される直列6気筒のJ08型エンジン(左)と、これをベースにして直列5気筒にしたJ07型エンジン。性能向上を図りながら軽量コンパクトにするために5気筒が採用された。

■プロフィア(カーゴトラック)　　　　　　　　　　2005年現在
エンジン：E13C〈ET-Ⅳ〉(直6ターボ・410PS)、E13C〈ET-Ⅱ〉(直6ターボ・380PS)、E13C〈ET-Ⅰ〉(直6ターボ・360PS)、E13C〈ET-Ⅴ〉(直6ターボ・410PS)、E13C〈ET-Ⅲ〉(直6ターボ・380PS)、P11C〈PT-Ⅷ〉(直6ターボ・350PS)、P11C〈PT-Ⅶ〉(直6ターボ・320PS)、P11C〈PT-Ⅵ〉(直6ターボ・300PS)、
駆動軸：6×2、6×4、8×4、4×2
トランスミッション：ProShift-7または7MT、7MT、ProShift-12
荷台長：5200～10000mm(ホイールベース：4180～7860mm)
床面地上高：1105～1425mm
車両総重量／最大積載量(標準荷台)：12650～24940kg／5400～15500kg

■レンジャー(カーゴトラック)
エンジン：J07E〈J7-Ⅵ〉(直5ターボ・225PS)、J07E〈J7-Ⅴ〉(直5ターボ・220PS)、J07E〈J7-Ⅳ〉(直5ターボ・210PS)、J05D〈J5-Ⅱ〉(直4ターボ・180PS)
トランスミッション：6MT
荷台長：3750～10020mm(ホイールベース：3280～7240mm)
床面地上高：960(超低床)～1150(標準床)mm
車両総重量／最大積載量(標準荷台)：7130～13800kg／3750～6000kg

第6章 構造不況といわれるなかでの技術革新(1990年代〜2000年代初頭)

いすゞ自動車

ギガシリーズの充実とパワーアップ

●乗用車部門からの撤退

　トラック部門での巻き返しを図るいすゞは、他のメーカー同様に1990年代後半の不況で、ますます苦しい経営となった。そのために、ついに赤字が続いていた乗用車部門からの撤退を決意した。遅きに失したといわれているが、これで小型商用車から大型トラック・バスまでの特色のあるメーカーとしての開発の方向が明瞭になった。もちろん、GMグループの一員として、グループのためのディーゼルエンジンの開発と生産を受け持つことに変わりはない。
　1990年代になると、フォワード用に開発されたキャブがGMトラックにも採用されて、コンポーネントとして輸出するようになり、不振の続く輸出のなかで気を吐いて

いた。
　しかしながら、そのGMの生産性が悪化してリーダーとしての存在感が薄れてきているので、以前にも増していすゞが魅力ある車両と技術をもって道を切り開いていかなくてはならない状況を迎えるのである。

●大型トラックの展開

　いすゞの大型トラック「ギガ」が810に代わって登場するのは1994年(平成6年)11月、このときに新しい規格になった25トン車も一緒に投入されている。ギガを開発している最中に規格が改正されたために、急遽これに合致した車両も一緒に発売することになった。
　ギガシリーズの開発コンセプトはタフ＆

11年振りとなるフルモデルチェンジで1994年にデビューした「ギガ」シリーズ。25トン車も同時に登場、シャシーもそのために強化されている。左はギガ25ロングボディ車の室内。

1995年に「ギガ」シリーズのトラクターが登場、キャブなどはトラックと共通である。

ハーモニーで、疲れないクルマづくりを徹底することなど安全性を最重点課題にしている。それ以前の開発と異なるのは、バブルの崩壊を前提に輸送の効率化にそれまで以上に真剣に取り組まざるを得なかったことである。

キャブスタイルではガラス面積を増やしながらバンパーを強調して、見栄えを良く力強いイメージにしている。

衝突時にドライバーの生存空間を確保することを第一にして設計、疲労軽減のためにキャブのサスペンションを新開発し、操作性をさらに良くしている。ワイパー付きサイドミラー、衝撃吸収ステアリング、シートエアサスペンションなども採用されている。

新規格の総車両重量25トン車は、フレームをはじめとしてブレーキやサスペンションなどの強化と「キックドライブ」システムが組み込まれて誕生した。

「キックドライブ」システムは、グリップ力がなくなる空車時のスタートや登坂などの際に駆動輪のグリップ力を上げるためにホイールを路面に押しつける発進補助装置である。

エンジンは8/10/12気筒のPE1型285～450馬力、直列6気筒6WA1型(360/390馬力)と6SD1型(310馬力)とある。

翌1995年にはトラクターも同様に「ギガ」シリーズになった。新規格のロングホイールベースのトラクターも設定され、性能も向上させたエンジンが搭載され、大型トラックとともに車種を豊富に設定している。

「ギガ」シリーズは1997年(平成9年)にマイナーチェンジされるが、このとき新規格の25トン車の低床車に4バッグエアサスペンションが採用された「ギガマックス」が加わった。

従来のリーフスプリングサスペンション

1997年にマイナーチェンジされ、25トン車低床車に4バッグエアサスペンションが採用された「ギガマックス」が加わった。

第6章 構造不況といわれるなかでの技術革新（1990年代〜2000年代初頭）

の車両に対して、乗り心地を良くするとともに、さらなる低床化を図ったものである。スタイルも一部変更して高剛性キャブとして、SRSエアバッグ、熱線入りワイパーの付いたサイドミラー、ABSなどの安全装備を充実させた、ギガシリーズのフラッグシップの意味合いを持つトラックである。オプションとして車線逸脱認識補助装置を設定している。

　ギガトラクターも変更を受け、ハイルーフキャブが設定された。4バッグエアサスペンション車も加わり、大型トラックと同じ安全のための装備が採用されている。エンジンはノンターボ600馬力が新開発され、クラッチ操作を不要にしたセミオートマチックトランスミッションがオプション設定されている。

　2001年（平成13年）にはトラクターとトラックの両ギガがマイナーチェンジされる。い

2001年にマイナーチェンジされたエアサスペンション採用のギガマックス。

ずれも平成11年排出ガス規制にともなうものである。

　トラクターでは、エアサスペンション採用車にリモコン付き車高調整装置が標準装備され、電子制御パワーステアリングの設定、キャブのマウントやフレームも改良された。マルチメーターやフルオートエアコンの採用などもあり、キャブのフロントグリルのデザインも変更された。

　大型トラックには、コモンレール式燃料噴射装置付きのエンジンが搭載されている。トラクター同様に各部の改良と4バッグエアサスペンション車のギガマックスの設定が拡大された。また、ショートキャブにして荷台長

1994年にフルモデルチェンジが図られたフォワード。開発コンセプトはドライバーを重視した前モデルの方向を継いで、キャブは居住性を重視している。

213

さを10mにしたショートキャブ車も、シリーズに加わった。

2001年10月に機械式フルAT「スムーサー・G」をトラクターに搭載した車種を設定した。6段による完全な自動化でEBSと組み合わされる。

● 中型車の展開

中型トラックのフォワードも、ギガ登場の9ヵ月前の1994年(平成16年)2月にフルモデルチェンジが図られ、ベッドレスキャブのフォワード・ジャストンも、その5ヵ月後の7月に新しくなっている。フォワードの新モデル登場は9年振りのことである。

新型フォワードの開発コンセプトはギガと同じくタフ&ハーモニーで、ドライバーを重視した前モデルの方向を受け継いでおり、快適であることがキーワードになっていて、キャブは居住性を重視して室内の広々感を醸し出している。ガラス面積をさらに大きくしてフロントピラーを立てることで視認性を高め、左サイドのドアウインドウがモーターによって大きく開閉するようになっており、ギガと共通するイメージのキャブにしている。キャブ全体は、風切り音を小さくするラウンドスクエアタイプの形状である。

ギガ同様に、用途に合わせてルーフ高が標準車より110mm高いカーゴトラックが設定されている。フォグライト一体のヘッドライト、コーナリングの際に見やすいスイングアウト式コーナリングライト、可倒・チルト式チェンジレバーなどを採用、ホット&クールボックスも用意され、カスタム仕様にはキーレスエントリー、ワイパー付きサイドミラー、電動ラウンドカーテンが装備されている。フレームは架装性を良くするためにストレート形状に改められ、サスペンションも安定性を図るとともに軽量化されている。エンジンは220馬力の6HE1-TC型が追加されている。

フォワード・ジャストンのキャブは1993年(平成5年)にモデルチェンジされたエルフトラックの幅広キャブを流用しており、キャブサスペンションなどはフォワード同様に改良されている。3速ATも設定されてイージードライブを可能にしている。

1995年に改良されたエンジンがフォワードに搭載されている。この後は、衝撃吸収ステアリングシャフトの採用やSRSエアバッグの採用などの安全装備の充実が図られていく。

フォワード・ジャストンは1994年にモデルチェンジされた。キャブはエルフトラックの幅広キャブを流用し、キャブサスペンションを付けて振動を伝えにくくしている。

ジャストンとは別に、フォワードのキャブをベースにしてベッドレスキャブにして荷台寸法を大きくしたフォワードV。

第6章 構造不況といわれるなかでの技術革新（1990年代〜2000年代初頭）

1999年にマイナーチェンジされたベッドレスキャブのフォワード・ジャストン。

1999年のマイナーチェンジ時に設定されたフォワードマックス。

追加車種としては、ベッドレスキャブのジャストンにコンパクトな4気筒エンジン搭載車、廉価版のリミテッド、ワイドキャブ車などが設定されている。いっぽうで、ジャストンとは別にベッドレスキャブにして荷台長を大きくしたフォワードVが設定された。

軽量化が図られるとともに250mm延長された荷台のフォワードVには、標準幅と広幅のキャブがあり、需要の中心である中型トラックは、ますます用途によって細分化される傾向を示した。

フォワードが次にマイナーチェンジを受けるのは1999年(平成11年)である。このときに4バッグエアサスペンションにしたフォワードマックスが設定されている。標準車より180kg軽量化して最大積載量4トンを確保している。平成10年の排気規制をクリアするために新しいタイプのエンジンとなり、排気性能を良くしながら燃費を低減し、さらに出力を良くしようとする努力がなされてい

る。進化したエンジンと組み合わせるトランスミッションとして新技術「スムーサー・G」が2002年にフォワードに採用された。

●エンジンの開発

新しいモデルの登場と排気規制のタイミングに合わせて改良したエンジンを投入しているのは、他のメーカーと同じである。大型用では無過給のV型エンジンが8気筒から12気筒まで持つPE型シリーズとターボ仕様の直列6気筒の改良に加えて、ノンターボV型10気筒エンジンを新開発している。

〈大型トラック用エンジン〉

1994年の排気規制と新規格車両の誕生に合わせて、ギガ用エンジンは新しくなった。V型のPE1型ノンターボの8気筒は285馬力、10気筒が325/360馬力とあり、12気筒が385/420/450馬力となっている。

インタークーラーターボの直列6気筒は12リッターの6WA1型(360/390馬力)と10リッ

直列6気筒6SD-TC型エンジン。

排気量が拡大された直列6気筒ターボ6WG1-TC型は520馬力。

215

ターの6SD1型(310馬力)とあり、ともにターボを中心に改良された。可変ノズルターボの採用を図る一方で、可変慣性過給を採用した6WA1-TCC型では可変ノズルターボから普通のターボに戻している。そのほうが部品点数が少なくなり、軽量化が図れるからである。高圧燃料噴射ポンプを採用してインジェクターの精度を向上させて燃焼を改善することで、排気規制をクリアし、同時に出力アップと低燃費化が図られている。

同じく直列6気筒の6SD1-TC型は310馬力、6WA1型は異なる過給圧で330/360/390馬力とある。この6WA1型は1997年(平成9年)に147×154mmの15681ccと大幅に排気量が拡大されて6WG1型となる。大容量のターボを装着した6WG1-TC型は520馬力となった。

さらに、そのうえを行くエンジンとして同年にV型10気筒10TD1型が新規に開発された。ボア・ストローク158×155mmと、ひとつのシリンダー容積も大きく、排気量は30390ccと公道を走る車両に搭載するエンジンとしては国内最大級である。もちろんノンターボでOHV型にしている。Vバンク角は80度、外形寸法がコンパクトになるように配慮しており、前後部にあるギアトレインに一次バランサーを配置して振動の抑制を図っている。最高出力は600馬力/2100回転、最大トルクは210キロ/1300回転となっている。

このエンジンを8気筒にした8TD1型が2000年(平成12年)に登場、24314cc、450/480馬力、Vバンク角も同じ80度で、平成11年規制のために、EGRを採用して窒素酸化物の排出量を少なくしている。同様に、他のエンジンにもEGRシステムが採用されて、規制をクリアするために改良が加えられている。

さらに、2001年(平成13年)にはTD1型をベースに6気筒にしてボア161mmとなった18933ccの6TE1型が登場、特装トラック用で345/385馬力である。

〈中型トラック用エンジン〉

1995年(平成7年)にフォワードに搭載されたターボ装着の220馬力6HE1型エンジンは、6BG1型の後継として誕生したものだが、その後OHC型となり、可変スワールや慣性過給の採用、ピストンの冷却性の向上、動弁系やギアの耐久性向上などの改良が施され、230/260馬力となった。

この年には、このエンジンをベースにして排気量を大きくしたノンターボ6HH1型エンジンが登場している。ストロークを伸ばし7127ccから8226ccに拡大しているが、シリンダーブロックなどはそのままでクランクシャフトなどわずかな変更にとどめてスト

V型10気筒10TD1型は排気量30390ccと公道を走る車両に搭載するエンジンとしては国内最大級

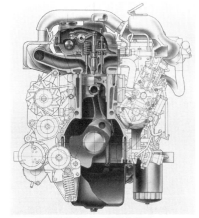

直列6気筒ノンターボ6HH1型エンジンは8226cc175/210馬力。

第6章 構造不況といわれるなかでの技術革新(1990年代〜2000年代初頭)

ロークアップを図っている。175/210馬力となっている。

平成10年の排気規制をクリアするために改良されたエンジンが搭載され、ターボエンジンはコモンレール式燃料噴射装置とし、ノンターボは電子タイマー付きの噴射ポンプとTICSを採用し、排気性能を良くするためにEGRシステムを採用した。エンジンをきめ細かくコントロールすることで、排気性能を良くしながら燃費を低減し、さらに出力を良くしようとする努力がなされている。これにより、115×115mmの7165cc6HL1型は180/205馬力となり、115×125mmの7790cc6HK1型は240/260馬力で、ターボ化された6HH1-S型は220馬力となっている。これらはいずれもインタークーラー

また、6HL1型及び6HH1型エンジンには問題になっているPMを削減するPMキャタコンバーターが標準装備された。

直列6気筒ターボ6HK1型エンジンは260馬力とフォワード用としてはもっとも高出力。

2005年現在

■ギガ/ギガマックス(カーゴトラック)
エンジン : 6WF1-TCN(直6ターボ・330PS)、6WF1-TC(直6ターボ・370PS)、6WG1-TCR(直6ターボ・410PS)
駆動軸 : 〈ギガマックス〉6×2、6×4、6×4低床、8×4、〈ギガ〉6×2、6×4、6×4低床、8×4、F×2
トランスミッション : OD7段、OD12段
荷台長 : 7000〜9600mm(ホイールベース : 5755〜7900mm)
床面地上高 : (標準床)1130〜1390mm、(低床)1020〜1040mm
車両総重量/最大積載量 : 19805〜24900kg/10800〜15800kg

■フォワード/フォワードマックス(カーゴトラック)
エンジン : 6HL1-S(190PS)、6HK1-TCR(直6ターボ・205PS)、6HK1-TCN(直6ターボ・240PS)、6HK1-TCC(直6ターボ・260PS)
トランスミッション : OD5段、OD6段、DD5段
荷台長 : 3710〜9680mm(ホイールベース : 3250〜7250mm)
床面地上高 : 1000〜1110mm
車両総重量/最大積載量 : (標準キャブ)7660〜7995kg/3600〜4600kg、(ワイドキャブ)6590〜7995kg/2300〜4500kg

217

三菱ふそう、三菱ふそうトラック・バス

スーパーグレートの登場と技術革新

●乗用車部門との分離とダイムラー・クライスラーとの提携

　1990年代後半から2000年代にかけての三菱自動車工業は、不況による販売の低迷に加えて欠陥隠し問題やダイムラー・クライスラーとの提携などで大きく揺れた。

　人的な交流はあったものの、もともと乗用車部門とトラック・バス部門は担当する製作所ごとに車両開発から生産まで実施していた。多種少量生産が基本である中型以上のトラックと、量産によるメリットを図る乗用車とは、設計、生産方式、販売方式まで同じではない。三菱自動車工業から分離して、三菱ふそうが2003年(平成15年)に独立した組織になり、それぞれに厳しい環境のなかで経営を立て直すことになった。

　もともと三菱財閥という国家にも匹敵するような巨大グループにあって、なにかあればグループで助けてくれるという、他の自動車メーカーではありえない"甘え"が存在した。それが、外部との大きな壁となって、共通した課題への他のメーカーとの共同による取り組みよりも、グループのなかでの活動が優先されたところがあった。そのため、不利になることは隠蔽するという体質になっていたのだろうか。三菱のトラックなどで起こった欠陥隠しの問題は、取り組みにシビアさを欠き、隠蔽体質から吹き出したものと言える。とくに経営を取り仕切る幹部のなかで、保身に走った人たちが問題を大きくしたといえるだろう。

　しかし、三菱のなかで、歴史的に見てもトラック・バス部門は競争力や技術力で優れている。乗用車部門は、単にトヨタやホンダ、日産に水を開けられているだけでなく、どのようなクルマづくりをするのかで一貫した姿勢に欠けていた。

　ダイムラー・クライスラーがトラック・バス部門での提携を強化しようとしているのも、三菱の優れた開発技術を抜きにしては考えられないことである。

　2005年、ダイムラー・クライスラーの連結子会社となった。

　それはそれとして、三菱ふそうの1994年以降の車両とエンジンについてみていくことにしよう。

1994年に新規格の25トン車として登場したZシリーズのトラックとセミトラクター。ともに強力なエンジンを搭載して、シャシー各部を強化している。

第6章 構造不況といわれるなかでの技術革新(1990年代～2000年代初頭)

●大型トラックの展開

規制緩和による12トン超を積載できる新規格の車両総重量25トン及び22トン車の登場に際して、三菱は1983年にモデルチェンジした「ザ・グレート」シリーズの追加車種として1994年(平成6年)12月のマイナーチェンジに合わせて設定した。

これらはZシリーズという名称で、排気量をアップさせた8M20型420馬力エンジンを搭載して、シャシー各部の強化、ホイールベースの変更やホイール・タイヤのサイズアップなどによる各車軸の重量を新規格に合致させている。そのほか、ブレーキ力の強化やフレームの板厚の増大、ステアリング系の改良など多岐にわたった。

このときに、平成6年の排ガス規制をクリアするためにエンジンを中心に改良が施され、出力増大も図られて重量が大きくなった。そのマイナス面をなくすために、クランクケースや主運動部品、さらにはミッションケースやクラッチハウジングケースの軽量化が図られた。

「スーパーグレート」という名称で、大型トラック及びトラクターが13年振りにモデルチェンジされるのは1996年(平成8年)6月のことである。

三菱ふそうトラックとしてのイメージを継承しながら、キャブスタイルは新しくなり、機構的にも一新された。風洞実験で鍛え抜かれたキャブは、空気抗力係数Cd値0.44という優れたものになっている。

空力的な配慮をして視界を良くし室内空間の確保を図り、ラウンドキュービックフォルムを基調としている。キャブ横にキャラクターラインをいれ、三次曲面のフロントガラス、バンパーに組み込まれたヘッドライトの処理、さらにサイドドアウインドウの処理などで特徴を出している。

安全意識の高まりに対応して、衝突時の衝撃を吸収するキャブ構造にするためにアンダーフレームを採用し、キャブヒンジ部の強化、サイドドアビームが追加されている。めざすところは軽量で安全性の高いキャブにすることである。

エアバッグやシートベルトなどの安全装備を標準化するのは当然のことになり、加えていくつかの新しいシステムを実用化させた。その一つが明るく寿命の長いディスチャージヘッドライトの採用である。

1996年モデルチェンジされ「スーパーグレート」となり、キャブスタイルは一新された。空力的な配慮をしてラウンドキュービックフォルムとし、室内も一段と乗用車のムードに近づいた。

219

また、ドライバーの負担を少なく安全性を高めるために、走行状況が分かりやすく伝わるようなLCD多重表示装置と音声による警報を組み合わせたVOIS(多重表示&音声警報)、高速走行時にカメラにより走行ラインを認識してコンピューターがドライバーの注意力が散漫になっていると判断した場合にVOISを通じて警告を発するMDAS(運転注意力モニター)など、さまざまな情報を提供するシステムを採用した。

　車種としては、標準タイプより330mm高くしたハイルーフ仕様の設定、従来からの標準仕様とカスタム仕様に加えて実用性を重視した価格の安いSA仕様の設定がある。SA仕様の設定はグレードを3段階に増やすことで、ユーザーの細かい要求に応えるためであった。

　また、新しいイージードライブと低燃費の両立を図ったINOMAT(機械式自動変速機)を実用化した。電子制御で走行状態に応じて最適にコントロールすることで燃費を節減しようとするトランスミッションで、オートモードとマニュアルモードがある。

　トラクターでは、新規格に対応したロングホイールベース車が付け加えられ、エアサスペンション車などバリエーションを増やしている。エンジンでは新開発のコモンレール式燃料噴射装置のターボ550馬力8M22T1型エンジンをはじめ8機種となり、480馬力以上のエンジンには16段ミッションが組み合わされている。

　2000年(平成12年)2月に、平成11年排気規制に対応してマイナーチェンジが実施された。厳しくなる規制をクリアするために、エンジンは6M7型350/380馬力、10M21型520馬力などが改良されて搭載され、ファイナルギア比の見直し、多段ミッションの採用などで燃費低減が図られている。

　MDASなどの警報装置が改良されるとともに、INOMATが多くの機種に採用されるなどシリーズ全体のグレードアップが図られた。同時に中期安全ブレーキ規制に対応して、ウエッジ式フルエアブレーキの全車標準化、補助ブレーキであるパワータードの能力アップ、電子制御ブレーキシステムEBSのオプション設定など、ブレーキ性能を向上させている。

　2001年(平成13年)2月には、ターボ仕様の6M7T型エンジンを搭載した国内で最長荷台となる長尺カーゴトラックを発売した。これは、キャブのベッド部分を350mm削ったショートキャブにしてエンジンの全長を縮めた上でキャブを持ち上げてエンジンを荷台に食い込むことなく格納、全長12mの規格のなかで10.075mの荷室を実現している。これにより一般的な大きさのT11パレットをそれまでより1列多い9列、18枚の積載を可能にした。また、8×4低床車FS型では、エンジンの搭載角度を変更して荷室容積を増やしながら荷台高さをさらに低くして、荷室高さを

2000年のマイナーチェンジで、スーパーグレートはフェイスリフトされ、パワートレインの改良で燃費低減が図られた。

第6章 構造不況といわれるなかでの技術革新(1990年代～2000年代初頭)

2001年のマイナーチェンジの際に登場したふそうスーパーグレートFU型ショートキャブ車。

増やすことが可能になり、67m³の国内最大となる容積のバントラックに仕上げている。

次のマイナーチェンジは2003年(平成15年)4月で、平成13年の騒音規制やスピード抑制装置の義務化に合わせたもので、このときに4バッグエアサスペンション車などが設定された。

●中型トラックの展開

1992年(平成4年)にモデルチェンジされたファイターは、時代を先取りしようと1995年に登場する「スーパーグレート」ともイメージの共通化が図られていた。

ファイターシリーズのベッドレスタイプのミニヨンは、いすゞのジャストン同様にひとクラス下の三菱キャンターのキャブを流用した混血型で、1995年にモデルチェンジされているのは、キャンターのモデルチェンジを受けてのものである。

このときにファイターシリーズもマイナーチェンジされて新エンジンが登場している。255馬力6D16T2型と220馬力6D17-Ⅲ型である。追加車種として、コンパクトな軽量4気筒ターボ165馬力エンジンを搭載したファイターSLが設定されているが、シャシーにアルミや樹脂を使用して軽量化を図って車両重量を減少させて4.95トンの積載量を確保している。このファイターSLには、その後に幅広ボディ車や低床車が追加設定されている。

これとは別に、ファイターをベースにしたベッドレスキャブをもつファイターNXが、平成10年の排ガス及びブレーキ規制を受けてファイターのマイナーチェンジが実施された機会に、追加車種として誕生している。ダンプとカーゴが設定されているが、各種の機構や安全装備などは標準車に準じており、新開発直列6気筒6M6型180/210馬力エンジンが搭載されている。

キャブの異なる3種類のファイター。上は1995年に新しくなったファイターミニヨン。下は同じベッドレスキャブながらファイターをベースにしたファイターNX。上右は1998年にマイナーチェンジされたファイターのウイングボディ車。

221

また、2002年(平成14年)にはマイナーチェンジが施されて、内外装が新しくなり、改良されたエアサスペンションを採用した車種が拡大され、5速ATの採用、安全装備のいっそうの充実が図られている。

● エンジンの開発

新しい時代の流れに即応した新機構としてコモンレール式燃料噴射装置付きのエンジンをいち早く投入した。トランスミッションとの組み合わせまで考慮して総合的な電子制御技術を導入することにも熱心だった。エレクトロニクスの開発では、先進性を示すことができたのである。

〈大型用V型8/10エンジン〉

1996年(平成8年)に550馬力を誇る高出力エンジンとして開発されたのが、三菱最初のコモンレール式燃料噴射装置を採用したV型8気筒8M22TI型エンジンである。150×150mmのノンターボ8M21型21205cc420馬力をベースにしている。ボアを142mmにダウンさせて19004ccにしてツインスクロール式ターボを装着し、コモンレール式にすることで過給圧を上げ、不足がちになる低速域のトルクを補っている。インタークーラーも大容量になっている。

2000年(平成12年)には過給圧を下げた480馬力仕様も登場している。このときに従来からの10気筒10M21型は排気量を26507ccにして520馬力に性能向上を図っている。平成11年の排気規制をクリアするために燃焼方式の改善とEGRをかけることで窒素酸化物などの低減が図られている。

〈大型用直列6気筒6M7型エンジン〉

2000年(平成12年)2月に登場した6M70型は、先進技術を駆使して低燃費指向をいっそう強めたエンジンとして開発された。135×150mmの12882cc、OHC4バルブ機構、カムシャフトを組み立て式にして軽量化を図り、バルブの開閉にダブルローラーロッカーアームを採用してフリクションロスを軽減、高過給ターボに対応して高圧鋳造のFRMピストンの採用や高面圧対応のメタルにするなど運動部品の強化が図られている。

窒素酸化物削減のために、燃焼温度の低下を図ろうと電子制御された排気再循環システムEGRを積極的に利用しているが、低回転域と高回転域で過給圧を可変にするVGターボにすることで、EGRをかける量を調節して規制に対応している。ノンターボの6M70型250馬力も設定されている。

ターボ装着エンジンはすべてコモンレール式燃料噴射装置付きで、過給を利用した空気と燃料の混合を早めるMIQCS燃焼方式と組み合わされている。性能は320/350/380/410馬力のバリエーションがあり、いずれも2200回転で最高出力を発生する。圧縮比は無過給エンジンが19.5、ターボエンジンが17.5である。

なお、補助ブレーキシステムとしてシリ

コモンレール式燃料噴射装置を採用して1996年に登場したV型8気筒8M22TI型エンジン。

ターボ装着、コモンレール式燃料噴射装置付きMIQCS燃焼方式と組み合わされた直列6気筒6M70-T型エンジン。

ンダーヘッドにビルトインされたパワータードを採用している。

〈中型用直列6気筒エンジン〉

1995年(平成7年)マイナーチェンジの際に改良されたのが6D16型T5型と6D17型である。インタークーラーターボの6D16型T5型は6D15型T3型をボアアップして7545ccとなり、4バルブにしたもの。高圧燃料ポンプを採用して255馬力にしている。ノンターボの6D17型は4バルブ・高圧噴射ポンプの採用で220馬力にアップした。

1999年(平成11年)4月にファイターのマイナーチェンジに合わせて登場した6M6型エンジンは、新世代にふさわしい機構にして、大型用直列6気筒エンジンと共通の設計思想に裏付けられている。OHC4バルブ機構を持ちボア・ストロークは無過給タイプが6M61型として118×125mmで排気量8201cc、ターボエンジン6M60型はストロークを115mmに縮めて7545ccとなっている。

ターボ付きエンジンはコモンレール式燃料噴射装置でEGRシステムを効率よく利用できるVGターボにすることにより、燃費性能を良くしながら排気規制をクリアしている。性能はノンターボ6M61型が180/210/225馬力、ターボ6M60型エンジンは240/270馬力となっている。補助ブレーキシステムとしてのパワータードのために専用カムを採用している。

1999年に登場した直列6気筒OHC4バルブ機構6M6型エンジン。

2005年現在

■スーパーグレート(カーゴトラック)
エンジン：6M70(T1)(直6ターボ・320PS)、6M70(T2)(直6ターボ・350PS)、6M70(T3)(直6ターボ・380PS)、6M70(T4)(直6ターボ・410PS)、8DC11(V8・330PS)、8M21(1)(V8・370PS)、8M21(2)(V8・400PS)、8M21(3)(V8・430PS)
駆動軸：4×2、6×2後2軸、6×4後2軸
トランスミッション：OD6段MT、OD7段MT、直結7段MT、直結7段INOMAT
荷台長：4900～10030mm(ホイールベース：4100～7220mm)
床面地上：1305～1420mm
車両総重量/最大積載量：15700～24900kg/8500～17000kg

■ファイター(カーゴトラック)
エンジン：4M50(T6)(直4ターボ・210PS)、6M60(T1)(直6ターボ・240PS)、6M60(T2)(直6ターボ・270PS)
トランスミッション：OD6段MT、直結6段MT、INOMAT-Ⅱ、OD5段AT(オプション)
荷台長：3660～9750mm(ホイールベース：3310～7220mm)
床面地上高：955～1085mm
車両総重量/最大積載量：7400～7990kg/3300～4500kg

日産ディーゼル

ビッグサムの充実と意欲的な技術開発

●構造不況を乗り越えて

1990年(平成2年)に新型のビッグサム、1993年にはコンドルを送り出し、ともに10年というインターバルでモデルチェンジを果たした日産ディーゼルは、4大メーカーのなかではもっとも生産台数が少ないとはいえ、順調に1990年代に突入していた。1991年には従来は日産で設計されていた小型トラックを日産ディーゼルが独自に設計、コンドル20/30として発売している。

バブルの崩壊があったものの、1995年(平成7年)8月には累計生産200万台を突破し、その記念式典が上尾と群馬の工場で開催された。50万台突破は1977年12月、100万台突破は1984年9月、そして150万台突破は1990年8月のことであるから、順調に生産を伸ばしていたことが分かる。

1996年(平成8年)4月には、カウントダウンに入った21世紀を見据えるべく、長期ビジョン「UDチャレンジ21」を作成して、さらなる飛躍を期そうとしていた。

ところが、1997年(平成9年)になると消費の冷え込みで販売が大幅に減少、翌1998年には1966年の水準に戻ってしまった。このころ、日産自動車も不振でトップのトヨタ自動車との差は大きく開き、赤字経営で苦しんでいた。

そうしたなかで、それまでは日産自動車から派遣されていた経営トップに代わり、生え抜きの中澤洋文が社長に就任して再建が図られた。1999年2月に構造改革計画が作成され、年間10万台を切る生産台数を維持することを前提にして赤字体質から脱する方策が立てられた。

群馬工場の中型車生産を上尾工場に移管して、混流生産ラインにすること、上尾工場の直列6気筒エンジンとV型エンジンも、同様に混流ラインで生産することになった。日産ディーゼル販売を統合し合併、財務体質の改善で有利子負債を少なくするなど合理化が進行した。

日産自動車とともに、フランスのルノー社からの資本参加による提携を受け入れたのは、こうした再建のさなかのことであった。

1999年(平成11年)3月に提携し、6月にはルノーから派遣された取締役が就任、協力関係が構築されることになった。ルノー社は発行株式の22.5%を引き受けることで、日産と並んで筆頭株主になったのである。

●大型トラック及びトラクターの展開

1993年の車両総重量に対する規制緩和に対応する25トン及び22トン車を1994年(平成6年)12月に発売、その翌1995年2月に、大型トラックのビッグサムシリーズは、大掛かりなマイナーチェンジを受けた。22トン車と25

1994年に誕生した200トンオールテレイン・クレーンキャリアW-AL620N型は、160トン吊りクレーンより1ランク上のクレーンとして6軸とし、RF10型420馬力エンジンとドイツZF6速ミッションを組み合わせ、小回りが利くように後輪もステアする。全長14.36m、空車時車両総重量44250kg、運転のしやすさにも配慮したのは輸入車にも対抗する意図を持って開発されたため。

第6章 構造不況といわれるなかでの技術革新(1990年代〜2000年代初頭)

1995年のマイナーチェンジより一足先に登場した新規格25トン車のビッグサムCD型トラック。総車両重量24980kg・最大積載量15.2トンを確保している。

トン車の発売をマイナーチェンジより3ヵ月早めたのは、大型車クラスは得意な分野であるだけに少しでも早く世に送り出そうと熱の入った開発となったからである。

25トン車はCD系(6×2の後2軸)、CW系(6×4の後2軸)、CG系(8×4の4軸)、CV系(6×2の前2軸)と揃え、22トン車もCV系(6×2の前2軸)に設定された。

フレームやシャシーの強化、ロードグリップという名称の低摩擦路発進補助装置、補助ブレーキやパワーステアリングの出力アップなど、総車両重量の増加にともなう対策が施された。この後、マイナーチェンジされる際などをとらえて次々に22トン車や25トン車の仕様が拡大され充実されていく。

1995年(平成7年)のマイナーチェンジでは、ハーモナイズ(調和)をキーワードとして人と環境に優しく、安全でゆとりのある車両にするというコンセプトで開発され、モデルチェンジといっても良い内容だった。

キャブのデザインも一新された。外観は存在感を強くするイメージの小変更だったが、インテリアは大きく進化した。包まれ感を出すメーターまわりにし、大型コンソールボックスや大容量の収納スペースを確保している。

キャブのサスペンションはコイルスプリングから前後ともエアスプリングの4点支持にして、乗り心地を良くしている。オプションとしてキャブ内のプライバシーをま

1995年にマイナーチェンジが図られて登場したビッグサムシリーズは、スタイルなどの変更が大きかった。機構もそれにともなって進化した。

225

1997年にマイナーチェンジにより、安全装備の充実、低燃費化、排気規制に対応するためであったが、フロントマスクも一部変更された。

もる全周カーテンが用意された。

パワートレインでは、PF6TC型が390馬力、V型8気筒/10気筒のRH型が排気量を大きくして400/450/500馬力となった。新開発の7速ミッションのほかに、ESCOTといわれるシーケンシャルシフトが開発され、シフトチェンジが容易になるとともに、発進・停止時以外はクラッチ操作を不要にしている。6速ミッションであるが、ハイとローに切り替えられるので12速の変速モードを持つ。

このESCOTシステムは、この後も進化を続けて、7速になり、さらに自動変速機能を加えて時代の要求であるイージードライブ化に貢献している。

1997年(平成9年)12月に、マイナーチェンジが実施された。安全装備の充実、低燃費化のさらなる追求、排気規制への対応、イージードライブ化の促進、軽量化の追求など、技術的な進化をこれまで以上に図らなくてはならなくなってきていた。軽量化されたRH8F型エンジンを投入、電子制御ブレーキシステムEBSやディスチャージヘッドライトの採用などとともに、エアバッグなどのパッシブセーフティ装置の充実が図られた。また、アルミ製のクロスメンバーをスチール製のサイドメンバーと組み合わせたフレームを開発して大幅に軽量化している。

徹底して軽量化を図って最大積載量を確保したCD型及びCW型トラクターは、良路を軽負荷で使用するユーザーのために架装メーカーと共同で開発されたものである。

1999年から2000年にかけて、燃費でトップになることを目標にした試みが実施され

2000年のマイナーチェンジでは、ディスチャージヘッドライトとハロゲンフォグライトの標準採用、エアダム及びフロントリッドが変更された。内装もメーター類やシートなどが改良された。

226

第6章 構造不況といわれるなかでの技術革新(1990年代〜2000年代初頭)

た。軽量で排気性能を良くした新エンジン直列6気筒GE13型を開発、これと組み合わせる変速機も低燃費を優先した仕様にしている。

トラクターのキャブには路面変化の影響を受けにくくするためにスカイフック理論に基づく電子制御キャブサスペンションを標準装備した。乗り心地を良くするために、キャブを支える機構にも電子制御技術が使われるようになったのだ。

同様に、後軸だけでなく前軸もエアサスペンションにしたスーパーフロート総軸エアサスペンションの車種が設定された。リーフスプリングを使用せずに、エアスプリングで上下荷重を支えるフロート式にしてロールはスタビライザーで抑えるようにすることで乗り心地良く、荷台への振動が減り、路面への負担も軽減できる。

ただし、リーフスプリングのサスペンションよりも重量が嵩むデメリットを解消するために、スタビライザーを中空にしてロアリンクを省略するなどして軽量化が図られた。

さらに、このときにショートキャブにし

て荷台長を長くしたショートキャブ車、フレーム高さを275mmにして荷室を大きくした低床CD型、低燃費高出力仕様のGE13型エンジンと進化したESCOT-Ⅱとを組み合わせた「エルディカルゴ」車を設定した。使用条件にマッチングさせたパワートレインを組み合わせることで、もう一段の燃費向上を図ろうとする考えを実行したものである。

2004年7月に大型トラックはフルモデルチェンジが図られ、新しく「クオンQuon」シリーズとなった。平成17年の排気規制に適合させたもので、これに適合していない「ビッグサム」シリーズは2005年8月までの販売となった。

●中型トラック・コンドルの展開

1993年(平成5年)1月にコンドルは10年振りにフルモデルチェンジを受けて3代目「ファイ

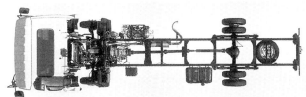

1993年にコンドルは10年振りとなるフルモデルチェンジを受け「ファイン・コンドル」として登場。大型コンソールボックスを備えるなど内装もいちだんとデラックス化が図られた。フレームも耐久性を重視しながらも軽量化が図られている。

227

ン・コンドル」となった。

このときの開発コンセプトが1年後の大型のビッグサムの開発に継承されている。環境に配慮し、安全性を高めることの優先順位が高まるなかでの開発で、今日的なテーマが意識されていた。

キャブのデザインもそれを反映して空力や機能を考慮しながら、きりっと気持ちよく軽快感があるイメージにする狙いで進められた。

室内寸法も大きくし、インテリアも快適な空間になるようにしながら高級感も醸し出そうと配慮している。ステアリングホイールは小径化し、ドライビングポジションの自由度を高めるようにステアリングとシートのアジャスト量を拡大し足元スペースも広くとっている。

左ドアの視認性を良くしてくもり止めのために二重構造にし、ワイパー性能を上げるなど視界をはじめ、操作性・快適性の向上が図られている。また、開閉式フロントリッドを設けて、整備性の向上も図られている。

車種としては、各種のオプションなどをパッケージ化したカスタム仕様車を設定、内外装色も専用に設定するなど高級イメージにして差別化が図られている。

なお、215馬力以上の標準仕様とカスタム仕様車には、エアダム一体のバンパーが標準装備された。エンジンは直列6気筒FE型シリーズを改良して165〜255馬力の5形式にしている。

このほかにシリーズのなかにベッドレスキャブのコンドルSがあったが、これとは別にコンドルのキャブを短縮して軽量化を図って普通免許で運転できる4.95トン積みコンドルSSを1995年(平成7年)に設定、さらに1997年4月にコンドルSを大幅に改良して、新しくコンドルZとして発売した。これは、ベッドレス中型トラックが増えていることを受けて力を入れた改良が実施されたものである。

従来からの直列6気筒FE6E195馬力エンジンに加えて、直列4気筒ターボ仕様の185馬力エンジンを搭載する車種を設定した。このコンパクトなエンジンによりキャブは2140mm、それまでの2315mmのキャブと2種類となった。

1999年(平成11年)には排出ガスと安全ブレーキの規制に対応してコンドルシリーズのマイナーチェンジが図られた。エンジンの改良とともに、故障時にも制動力を保持できるマルチプロテクションバルブやブレーキオートアジャスターなどが採用されている。

その後も、ABSの装備、SRSエアバッグやプリテンショナー付きシートベルトの装着、オーバートップ付き5速ATなどが装備、

1997年にコンドルSを大幅に改良してベッドレスキャブにして荷台スペースを大きくしたコンドルZ。

充実化されていった。

●エンジンの開発

大型エンジンはサイズの違う直列6気筒エンジンと8/10気筒のV型エンジンとある。前者がターボ装着、後者がノンターボと使い分けている。出力の向上もさることながら、エンジンサイズを大きくしない設計思想に基づいて、低燃費の実現のために技術力を集中して開発されている。

〈大型直列6気筒用エンジン〉

1994年(平成6年)に直列6気筒のPF6シリーズはインタークーラーターボPF6TC型を390馬力を頂点に、330/360馬力と性能向上が図られている。

1998年(平成10年)には直列6気筒エンジンが新しくなった。136×150mmの13074ccのGE13型で、トラックとしては初めてのユニットインジェクター式燃料噴射システムを採用、さらなる高圧噴射を可能にして各領域での燃焼の最適化を図っている。これは、燃料を圧縮するポンプとインジェクターを一体にして各気筒ごとに独立して取り付けられるので、シリンダーヘッド周りがコンパクトになる上に、効率よく高圧噴射できる新機構である。

OHC4バルブと組み合わせ、ターボの軸受けにボールベアリングを採用、補機類の効率向上などフリクションロスを少なくすることで性能向上と燃費低減を実現している

る。問題になっている粒状排出物質PMも減らすことができる。

同様に、2001年(平成13年)には排気量のひとまわり小さいNF6TA型の後継となるMD92TB型エンジンが登場している。OHC4バルブ、コモンレール式燃料噴射装置を採用、330馬力で、その後340馬力に引き上げられている。

〈大型用V型8/10気筒エンジン〉

1994年に8気筒のRF8型310馬力に加えて150×150mmとボアを12mm、ストロークを8mm大きくしたRH型シリーズV型8気筒/10気筒エンジンを開発した。

4バルブとして高圧燃料噴射ポンプにし、精密なインジェクターノズルを採用して高出力と低燃費をめざした開発となった。排気量の増大にはドライライナーの採用とピストンの改良などで、従来からのシリンダーブロックを使用できるように工夫されている。また、コンパクトな構造の圧縮圧開放型のEEブレーキ(エンジンブレーキ)を開発している。

性能は8気筒のRH8型が400馬力、10気筒のRH10E型が450馬力となっている。この10気筒のRH10E型は、翌1995年にトラクター用として過給圧を上げた500馬力仕様を送り出している。さらに、1997年には8気筒のRH8型が430馬力になってRH8F型となり、10気筒の

450馬力から500馬力に出力を上げた10気筒RH10E型エンジン。

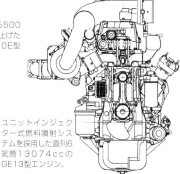

ユニットインジェクター式燃料噴射システムを採用した直列6気筒13074ccのGE13型エンジン。

RH10E型は520馬力になってRH10F型になっている。燃焼室形状の見直しなどによるものである。

〈中型用直列6気筒FE型エンジン〉

1993年(平成5年)のモデルチェンジに合わせてFEシリーズを改良、ターボの性能を上げて255馬力のFE6TB型というフラッグシップと195馬力FE6E型OHV4バルブエンジンをシリーズに加えた。

FE6TB型には可変ノズルターボVNTを採用、このほかにノンターボ165馬力3000回転のFE6型がOHV2バルブ、ターボ仕様はOHV2バルブで215馬力FE6T、235馬力FE6TA型がある。ボア・ストロークは108×126mmの6925ccの直列6気筒である。

1999年に改良され、ノンターボFE6A型が170馬力に、同じくFE6B型が206馬力になり、ターボ仕様のFE6TAが240馬力に、同じくFE6TB型が270馬力に引き上げられた。

その後、排気規制の強化にともない、中型用エンジンは日野から直列6気筒と直列5気筒とをOME供給された。

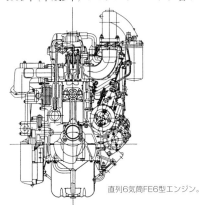

直列6気筒FE6型エンジン。

2005年現在

■クオン(カーゴトラック)
エンジン：MD92TB(直6ターボ・340PS)、GE13TA(直6ターボ・350PS)、GE13TB(直6ターボ・380PS)、MD92TC(直6ターボ・360PS)、GE13TC(直6ターボ・410PS)、MD92TB(直6ターボ・360PS)
駆動軸：4×2、6×2、6×4、8×4
トランスミッション：OD6段、DOD7段、DOD12段
荷台長：4900～10000mm(ホイールベース：4200～8020mm)
車両総重量／最大積載量：16050～24900kg/9000～16200kg

■コンドル(ベッド付キャブ)
エンジン：J07E-TA(直5ターボ・210PS)、J07E-TC(直5ターボ・225PS)、J08E-TC(直6ターボ・240PS)、J08E-TD(直6ターボ・270PS)
トランスミッション：OD6段
荷台長：(標準)3600～7200mm(ホイールベース：3220～5500mm)、(ワイド)4600～9750mm(ホイールベース：3770～7200mm)
床面地上高：〈アルミウイング〉1040～1095mm〈ホロウイング〉1040～1095mm〈標準ドライバン〉1040～1100mm〈温度管理系バン〉1080～1190mm
車両総重量／最大積載量：〈アルミウイング〉7905～7980kg/2450～3550kg〈ホロウイング〉7905～7950kg/2700～3600kg〈標準ドライバン〉7905～7950kg/3200～3750kg〈温度管理系バン〉7340～7950kg/3000～3700kg

参考文献

創造限りなく──トヨタ自動車50年史　　トヨタ自動車社史編集委員会
日産自動車30年史(1933〜1963年)　　日産自動車総務部編
三菱自動車工業社史　三菱自動車工業編
ふそうの歩み　　三菱自動車工業東京自動車製作所編
道程"ふそう"とともに　　三菱自動車工業トラック・バス技術センター
いすゞ自動車50年史　　いすゞ自動車編
いすゞディーゼル技術50年史　　いすゞ自動車編
日野自動車工業40年史　　日野自動車工業編
日野自動車技術史 写真編　　日野自動車工業編
日野自動車販売30年史　　日野自動車販売(株)編
日産ディーゼル歴史年表　　日産ディーゼル編
テクニカルレビュー(三菱自動車)
いすゞ技報
日野技報
日産ディーゼル技報
日本自動車工業史稿　　日本自動車工業会編
日本における自動車の世紀　桂木洋二　　グランプリ出版
日本の自動車工業 年度版　　通商産業研究社
日本の自動車産業 年度版　　経済評論社
自動車新車登録台数年報・自動車統計　　自動車販売店連合会
モーターファン　バックナンバー　　三栄書房
内燃機関　バックナンバー　　山海堂
自動車技術　バックナンバー　　自動車技術会
モータービークル　バックナンバー　　九段書房
自動車ガイドブック　バックナンバー　　自動車工業振興会／自動車工業会

〈著者紹介〉

中沖 満(なかおき・みつる)

1932(昭和7)年、東京生まれ。旧制九段中学中退。1948年9月、わたびき自動車工業株式会社に入社。塗装職人として34年勤めた後、1983年からフリーのライターとして活躍。1975年10月、浅間ミーティング・クラブを有志とともに設立し、初代理事長を務める。著書に『オートバイグラフィティ』(CBSソニー出版)『ぼくのキラキラ星』『力道山のロールスロイス』『懐かしの軽自動車』『クルマ&バイクの塗装術』『懐かしの高性能車Ⅰ』『懐かしの高性能車Ⅱ』(以上グランプリ出版)など多数。2007年没。

国産トラックの20世紀	
著　者	中沖 満 + GP企画センター
発行者	山田国光
発行所	**株式会社グランプリ出版** 〒101-0051　東京都千代田区神田神保町1-32 電話 03-3295-0005㈹　FAX 03-3291-4418 振替 00160-2-14691
印刷・製本	モリモト印刷株式会社